畜禽场消毒防疫与疾病防制技术丛书

鹅场消毒防疫与疾病防制

主编　任继武

河南科学技术出版社

·郑州·

图书在版编目（CIP）数据

鹅场消毒防疫与疾病防制/任继武主编.—郑州：河南科学技术出版社，2018.1
（畜禽场消毒防疫与疾病防制技术丛书）
ISBN 978-7-5349-8996-4

Ⅰ.①鹅… Ⅱ.①任… Ⅲ.①鹅-养殖场-卫生防疫管理②鹅病-防治 Ⅳ.①S858.33

中国版本图书馆CIP数据核字（2017）第222612号

出版发行：河南科学技术出版社
地址：郑州市经五路66号　　邮编：450002
电话：（0371）65737028　65788613
网址：www.hnstp.cn
策划编辑：陈　艳　陈淑芹
责任编辑：田　伟
责任校对：刘逸群
封面设计：张　伟
版式设计：栾亚平
责任印制：张艳芳
印　　刷：河南金雅昌文化传媒有限公司
经　　销：全国新华书店
幅面尺寸：140 mm×202 mm　　印张：7.625　　字数：222千字
版　　次：2018年1月第1版　　2018年1月第1次印刷
定　　价：29.80元

本书编写人员名单

主　　编　任继武

副 主 编　樊瑞泉　闫益波

编写人员　李连任　乔君毅　刘　源　李　童

　　　　　卢成合　郭长城　朱　琳　卢纪忠

前　言

近年来，在我国建设农业生态文明的新形势下，规模化养殖得到较快发展，畜禽生产方式也发生了很大的变化，给动物防疫工作提出了更新、更高的要求。同时，随着市场经济体制的不断推进，国内外动物及其产品贸易日益频繁，给各种畜禽病原微生物的污染传播创造了更多的机会和条件，加之畜禽养殖者对动物防疫及卫生消毒工作的认识普及和落实不够，疾病控制已成为制约畜禽养殖业前行的一个“瓶颈”，并对公众健康构成了潜在的威胁。人们不禁要问：为什么现在畜禽疾病难治疗？

控制畜禽疾病的手段固然是多方面的，药物预防和治疗至关重要，但消毒、防疫、疫苗接种更是不可忽视。现实生产中，有些养殖场、户平时工作做得不细，思想上麻痹大意，认为接种疫苗就是防疫工作的全部内容，接种完疫苗就万事大吉了；有的养殖场、户则是无病不消毒，得病了手忙脚乱盲目地消毒，不停地消毒，药物浓度、消毒密度都超出了常规，不合理的消毒制度，给畜禽带来了更多的发病机会，让养殖工作步履艰难。疾病防制过程中，重“治”轻“防”（“制”），防制技术落后，其后果是畜禽疾病多发，且难治疗。

正是基于以上认识，本书不使用“防治”而使用“防制”，意在积极倡导消毒防疫、免疫防控、防重于治的理念。我们组织农科院专家学者、职业院校教授和常年工作在生产一线的技术服务人员编写了这套《畜禽场消毒防疫与疾病防制技术》。本丛书以制约养殖场健康发展的畜禽疾病控制为切入点，分为鸡、鸭、鹅、兔、猪、牛、羊7个分册。每个分册介绍养殖场的消毒、防疫、常见病防制，并配有多幅精美彩图。书中重点介绍消毒基础知识、消毒常用药物和现场包括环境、场地、圈舍、畜（禽）体、饲养用具、车辆、粪便及污水等的消毒技术、畜禽疾病的免疫防控、常见病的防制等知识，在关键技术操作过程、疾病诊断等解说中配有插图，形象直观，通俗易懂，内容丰富，理论阐述深入浅出，技术针对性、指导性和实用性强。

由于作者水平有限，加之时间仓促，因此书中难免有讹误之处，恳请广大读者不吝指正。

编者

2016年11月

目 录

第一章 鹅场的消毒

第一节 消毒基础知识

当前，随着养殖业集约化程度的不断发展，畜禽大群体、高密度饲养已成常态。规模化饲养，使畜禽所受到的应激越来越多，为疾病的传播提供了有利的环境条件。某些原来处在小群散养条件下危害性不大的疾病，却可能会给养殖业带来严重的损失。由于畜禽育种技术的发展，畜禽的生产性能不断提高，现在养殖的畜禽生长发育迅速，育成期短，生产周转快，使不同日龄之间的畜禽出现交叉感染的概率提高。同时，为了控制细菌病的继发或并发感染，有些养殖场、户盲目增加疫苗种类、免疫剂量和次数，滥用抗生素，造成畜禽耐药性增强，发病后难以挑选有效药物。另外，这些问题还导致畜禽机体内的有益微生物被杀死，菌群严重失调，严重影响了畜禽的健康水平和生产性能。

为了保证畜禽免受这些病原体的侵袭，能够快速健康地生长，必须有严格的消毒措施，以消除养殖环境中的各种病原体。生产中只有秉持“预防为主，防治结合，防重于治”的理念，才能保证养殖生产顺利进行。

一、消毒的概念

微生物是广泛分布于自然界中的一群难以用肉眼观察的微小生物的统称，包括细菌、真菌、霉形体、螺旋体、支原体、衣原体、立克次体和病毒等。有些微生物对畜禽是有益的，包括乳酸菌、酵母菌、光合菌等，是畜禽正常生长发育所必需的；另一些微生物则是对动物有害的或是致病的，如果这些病原微生物侵入畜禽机体，会引起畜禽皮肤、黏膜（鼻、眼等）等部位发生感染，进而引起各种传染病的发生和流行。畜禽传染病不仅可造成大批畜禽的死亡和畜禽产品的损失，某些人畜共患疾病还能给人的健康带来严重威胁。病原微生物的存在，是畜禽生产的大敌。

随着集约化畜牧业的发展，预防畜禽群体发病特别是传染病，已成为现阶段兽医工作的重点。要消除病原微生物，必不可少的办法就是消毒。

（一）消毒

消毒是指用物理的、化学的和生物的方法清除或杀灭外环境（各种物品、场所、饲料、饮用水及动物体表、黏膜、浅体表）中的病原微生物及其他微生物，从而阻止和控制传染病的发生和蔓延。

消毒的含义有两点：一是消毒是针对病原微生物的，并不要求清除或杀灭所有微生物；二是消毒是相对的而不是绝对的，它只要求将有害微生物的数量减少到无害程度，而不要求把病原微生物全部杀死。

用于消毒的药物称为消毒剂，即用于杀灭传播媒介上的病原微生物，使其达到无害化要求的制剂。

（二）灭菌

灭菌是指用物理或化学的方法杀死物体及环境中一切活的微生物，包括致病性微生物、非致病性微生物、芽孢、霉菌孢子

等。灭菌的含义是绝对的，是指完全破坏或杀灭所有的微生物。因此，灭菌比消毒的要求高。消毒不一定能达到灭菌的程度，而灭菌一定是达到消毒后的更高要求。

用于灭菌的化学药物叫灭菌剂。

（三）防腐

防腐是指阻断或抑制微生物（含致病性微生物和非致病性微生物）的生长繁殖，以防止活体组织受到感染或其他生物制品、食品、药品等发生腐败的措施。防腐只能抑制微生物的生长繁殖，而并非必须杀灭微生物，与消毒的区别只是效力强弱的差异或灭菌、抑菌强度上的差异。

用于防腐的化学药品称为防腐剂或抑菌剂。一般常用的消毒剂在低浓度时就可以起到防腐剂的作用。

二、消毒的意义

（一）预防传染病及其他疾病

传染病是由各种病原体引起的能在人与人、动物与动物或人与动物之间相互传播的一类疾病。病原体中大部分是微生物，小部分为寄生虫，寄生虫引起者又称寄生虫病。传染病具有传染性和流行性，畜禽群感染后常有免疫性，其传播和流行必须具备3个环节，即传染源（能排出病原体的畜禽）、传播途径（病原体传染其他畜禽的途径）及易感畜禽群（对该种传染病无免疫力者）。若能完全切断其中的一个环节，即可防止传染病的发生和流行。切断传播途径最有效的方法是消毒、杀虫和灭鼠。消毒是消灭病原体必不可少的手段，也是兽医卫生防疫工作中的一项重要工作，是预防和扑灭传染病的最重要的措施之一。

（二）防止群体和个体交叉感染

在集约化养殖业迅速发展的今天，消毒工作更加显现出其重要性，并已经成为养鹅生产过程中必不可少的重要环节之一。一般来说，病原微生物感染具有种的特异性。因此，同种间的交叉感染是传染病发生、流行的主要途径。如新城疫只能在禽类中传播流行，一般不会引起其他动物或人的感染发病。也有些传染病可以在不同种群间流行，如结核病、禽流感等，不仅可以引起禽类患病，还可感染人。

鹅的疫病一般可通过两种方式传播，一种是水平传播，病鹅、污染的垫料垫草、有病原体的尘埃、病鹅接触过的饲料和饮用水等均可导致传播，还可通过带病原体的野鸟、昆虫等传播，如新城疫、禽流感、禽霍乱等；另一种方式是母鹅将病原体传播给后代，称为垂直传播，如禽白血病等。因此，防止交叉感染的发生是保证养鹅业健康发展和人类健康的重要措施，消毒是防止鹅个体和群体之间交叉感染的主要手段。

（三）阻止非常时期传染病的发生和流行

鹅的疫病水平传播有两条途径，即消化道途径和呼吸道途径。消化道途径为通过带有病原体的粪便污染饲料、饮用水、笼舍、用具等；呼吸道途径的传播主要通过空气和飞沫，被感染动物通过咳嗽、打喷嚏和呼吸等将病原体排入空气中，并可污染环境中的物体。非常时期传染病的流行主要就是通过这两种方式。因此，对空气和环境中的物体消毒具有重要的防病意义。动物门诊、兽医院等地方也是病原微生物比较集中的地方，做好这些地方的消毒工作，对防止动物群体之间传染病的流行也具有重要意义。

（四）鹅病流行出现新特点，消毒可以预防和控制传染病的发生和流行

目前，鹅病的发生流行出现了很多新特点。首先，鹅病的种类在不断增加，老病尚未控制，新病层出不穷。国内外已经报道的鹅病有高致病性禽流感、新城疫（鹅Ⅰ型副黏病毒病）、细小病毒感染（小鹅瘟）、鹅大肠杆菌病、鹅传染性浆膜炎、禽霍

乱、沙门菌病、霉形体感染、鹅流感、新型病毒性肠炎、呼肠孤病毒感染、鹅圆环病毒、鹅出血性肾炎肠炎、球虫、梭菌性肠炎、李斯特菌病等20余种。危害最严重的疫病有高致病性禽流感、新城疫、细小病毒感染、鹅大肠杆菌病、鹅传染性浆膜炎。近年来，禽霍乱的病例显著增加。此外，目前在国外流行严重的疫病如鹅出血性肾炎肠炎等，可能随着鹅种引进和产品流通传入国内。

重大传染病也时有发生。高致病性禽流感和新城疫两种A类传染病都可引起鹅发病，由于一定滴度免疫抗体的存在，疫病的临床表现和病变呈现非典型化。高致病性禽流感可以通过强制免疫措施控制，但免疫防控只能减少临床发病、死亡和病毒的污染强度，并不能消除病毒的感染，免疫的选择压力可能加快病毒变异。

另外，鹅病的传播速度越快，造成的损失越大。养殖场的养殖规模和密度越来越高，病原数量在养殖场维持高水平，病原在鹅群中传播迅速。同时，一些持续性感染的疫病危害加剧，在大规模和高密度养殖条件下，鹅群应激增加，免疫功能变差，病毒在雏鹅群水平传播加速，如鹅呼肠孤病毒病、鹅圆环病毒病等可能成为新的严重疫病。

鹅的细菌性疫病发生也很频繁，细菌的抗药性日益增强。目前大多数养鹅场设施简陋，卫生条件差，消毒措施难以实施，大肠杆菌病、传染性浆膜炎和霉形体感染等发病率很高，治疗过程存在抗菌药应用频繁、剂量大及不合理使用等问题，这会导致细菌的耐药性增强。由于疫病种类多，每种疫病的特点不同，况且可以应用的疫苗种类少，单纯依靠现有的免疫预防和药物治疗方案将难以保障养鹅场的安全生产，因此必须加强各单项技术的研究和组装配套，形成包括养殖场的规划与建设、卫生管理、疫苗免疫与抗体检测监测、药物预防计划等技术内容的疫病综合防控措施。其中，增强消毒意识，加强消毒管理，提高成活率及生产性能，是养殖者亟须注意的问题。

正是基于这种复杂的疾病发生流行形势，消毒的意义显得更加重要。

（五）维护公共安全和人类健康

养殖环境不卫生，病原体种类多、含量高，不仅能引起禽群发生传染病，还直接影响到禽产品的质量，从而危害人的健康。从社会预防医学和公共卫生学的角度来看，兽医消毒工作在防止和减少人禽共患传染病的发生和蔓延中发挥着重要的作用，是人类环境卫生、身体健康的重要保障。全面彻底的消毒，可以阻止人禽共患病的流行，减少对人类健康的危害。

三、消毒的分类

（一）按消毒目分类

根据消毒的目的不同，可分为疫源地消毒和预防性消毒。

1. 疫源地消毒

疫源地消毒是指对有传染源（病鹅或病原携带者）的地区进行消毒，以免病原体外传。疫源地消毒又分为随时消毒和终末消毒两种。

（1）随时消毒：指在鹅场内存在传染源的情况下开展的消毒工作，其目的是随时、迅速杀灭刚排出体外的病原体。当鹅群中有个别或少数鹅发生一般性疫病或有突然死亡现象时，立即对所在栏舍进行局部强化消毒，包括对发病和死亡鹅只的消毒及无害化处理，对被污染的场所和物体的立即消毒。这种情况的消毒需要多次反复地进行。

（2）终末消毒：采用多种消毒方法对全场或部分鹅舍进行全方位的彻底清理与消毒。当被某些烈性传染病感染的鹅群已经死亡、淘汰或痊愈，传染源已不存在，解除封锁前应进行大消

毒。在“全进全出”生产系统中，当鹅群全部从栏舍中转出后，对空栏及有关生产工具要进行大消毒。春秋季节气候温暖，适宜于各种病原微生物的生长繁殖，因此，春秋两季要进行常规大消毒。

2. 预防性消毒

预防性消毒也叫日常消毒，是指在未发生传染病的安全鹅场，为防止传染病的传入，结合平时的清洁卫生工作、饲养管理工作和门卫制度对可能受病原污染的鹅舍、场地、用具、饮用水等进行的消毒。消毒具体包括以下内容。

（1）定期消毒：根据气候特点、本场生产实际，对栏舍、舍内空气、饲料仓库、道路、周围环境、消毒池、鹅群、饲料、饮用水等制定具体的消毒计划，并且在规定的日期进行消毒。例如，每周一次带鹅消毒，安排在每周三下午；周围环境每月消毒一次，安排在每月初的某一晴天。

（2）生产工具消毒：食槽、水槽（饮用水器）、笼具、刺种针、注射器、针头、孵化器等用前必须消毒，每用一次必须消毒一次。

（3）人员、车辆消毒：任何人、任何车辆、任何时候进入生产区均应经严格消毒。

（4）鹅只转栏前对栏舍的消毒：转栏前对准备转入鹅只的栏舍彻底清洗、消毒。

（5）术部消毒：鹅的免疫注射部位应该消毒。

（二）按消毒程度分类

1. 高水平消毒

高水平消毒要求杀灭一切细菌繁殖体包括分枝杆菌、病毒、真菌及其孢子和绝大多数细菌芽孢。达到高水平消毒常用的消毒剂包括氯制剂、二氧化氯、邻苯二甲醛、过氧乙酸、过氧化氢、臭氧、碘酊等。在规定的条件下，以合适的浓度和有效的作用时间进行消毒。

2. 中水平消毒

中水平消毒要求杀灭除细菌芽孢以外的各种病原微生物，包括分枝杆菌。达到中水平消毒常用的消毒剂包括碘类（碘附、氯己定碘等）、醇类和氯己定碘的复方，醇类和季铵盐类化合物的复方，酚类等。在规定的条件下，以合适的浓度和有效的作用时间进行消毒。

3. 低水平消毒

低水平消毒包括能杀灭细菌繁殖体（分枝杆菌除外）和亲脂类病毒的化学消毒，以及通风换气、冲洗等机械除菌法，如采用季铵盐类（苯扎溴铵等）、双胍类消毒剂（氯己定）等。在规定的条件下，以合适的浓度和有效的作用时间进行消毒。

四、影响消毒效果的因素

消毒效果受许多因素的影响，了解和掌握这些因素，可以指导消毒工作正确进行，提高消毒效果；反之，处理不当，只会影响消毒效果，导致消毒失败。影响消毒效果的因素很多，概括起来主要有以下几个方面。

（一）消毒剂的种类

针对所要杀灭的微生物特点，选择恰当的消毒剂很重要，如果要杀灭细菌芽孢或非囊膜病毒，则必须选用灭菌剂或高效消毒剂，也可选用物理灭菌法，才能取得可靠的消毒效果，若使用酚制剂或季铵盐类消毒剂则效果很差。季铵盐类是阳离子表面活性剂，有杀菌作用的阳离子具有亲脂性，杀革兰阳性菌和囊膜病毒效果较好，但对非囊膜病毒无能为力。甲基紫对葡萄球菌的效果特别强。加热法对结核杆菌有很强的杀灭作用，但一般消毒剂对其作用要比对常见细菌繁殖体的作用差。为了取得理想的消毒效果，必须根据杀灭对象及消毒剂本身的特点科学地进行选择，采

取合适的消毒方法使其达到最佳消毒效果。

（二）消毒剂的配方

良好的配方能显著提高消毒的效果，如用70%乙醇配制季铵盐类消毒剂比用水配制的消毒剂穿透力强，杀菌效果更好；苯酚若制成甲苯酚的肥皂溶液就可杀死大多数繁殖体微生物；超声波和戊二醛、环氧乙烷联合应用，具有协同效应，可提高消毒效力；另外，用具有杀菌作用的溶剂，如甲醇、丙二醇等配制消毒液时，常可增强消毒效果。当然，消毒药之间也会产生拮抗作用，如酚类不宜与碱类消毒剂混合，阳离子表面活性剂不宜与阴离子表面活性剂（肥皂等）及碱类物质混合，它们彼此会发生中和反应，产生不溶性物质，从而降低消毒效果。次氯酸盐和过氧乙酸会被硫代硫酸钠中和。因此，消毒剂不能随意混合使用，但可考虑选择几种产品轮换使用。

（三）消毒剂的浓度

任何一种消毒剂的消毒效果都取决于其与微生物接触的有效浓度，同一种消毒剂的浓度不同，其消毒效果也不一样。大多数消毒剂的消毒效果与其浓度成正比，但也有些消毒剂，随着浓度的增大其消毒效果反而下降，如乙醇在75%时消毒效果最好。各种消毒剂受浓度影响的程度不同，每一种消毒剂都有它的最低有效浓度，要选择有效而又对人畜安全并对设备无腐蚀的杀菌浓度。消毒液浓度过高，一是浪费，二会腐蚀设备，三还可能对鹅造成危害。消毒剂用量方面，在喷雾消毒时按每立方米空间30 mL为宜，用量太大会导致舍内过湿，用量小又达不到消毒效果。一般应灵活掌握，在鹅群发病、育雏前期、温暖天气等情况下应适当加大用量，而天气冷、肉鹅育雏后期用量应减少。

（四）作用时间

消毒剂接触微生物后，要经过一定时间后才能杀死病原，只有少数能立即产生消毒作用，所以要保证消毒剂有一定的作用时

间。消毒剂与微生物接触时间越长消毒效果越好，接触时间太短往往达不到消毒效果。被消毒物上微生物数量越多，完全灭菌所需时间越长。此外，部分消毒剂在干燥后就失去消毒作用。

（五）温度

一般情况下，消毒液温度升高，药物的渗透能力也会增强，消毒效果更好，消毒所需要的时间也可以缩短。实验证明，消毒液温度每提高 10 ℃，杀菌效力增加 1 倍，但配制消毒液的水温不超过 45 ℃为好。一般温度按等差级数增加，则消毒剂杀菌效果按几何级数增加。许多消毒剂在温度低时，反应速度缓慢，消毒效果不佳，甚至不能发挥消毒作用。福尔马林在室温 15 ℃以下用于消毒时，即使用其有效浓度，也不能达到很好的消毒效果；但室温在 20 ℃以上时，则消毒效果很好。因此，在熏蒸消毒时，需将舍温提高到 20 ℃以上，才有较好的效果。

（六）湿度

湿度对许多气体消毒剂的作用有显著影响。这种影响来自两方面：一是消毒对象的湿度。它直接影响微生物的含水量，如用环氧乙烷消毒时，细菌含水量太多，则需要延长消毒时间；细菌含水量太少，消毒效果亦明显降低。二是消毒环境的相对湿度。每种气体消毒剂都有其适宜的相对湿度范围，如甲醛以相对湿度大于 60% 为宜；用过氧乙酸消毒时要求相对湿度不低于 40%，以 60%~80% 为宜；熏蒸消毒时需将舍内湿度提高到 60%~70%，才有效果。直接喷撒消毒剂干粉处理地面时，需要有较高的相对湿度，使药物潮解后才能发挥作用，如生石灰单独用于消毒时无效，须洒上水或制成石灰乳等；而紫外线消毒时，相对湿度增高，反而影响穿透力，不利于消毒。

（七）pH 值（酸碱度）

pH 值可从两方面影响消毒效果，一是对消毒剂的作用，pH 值变化可改变其溶解度、离解度和分子结构；二是对微生物的影

响，病原微生物的适宜 pH 值在 6~8，过高或过低的 pH 值都有利于杀灭病原微生物。酚类、次氯酸等是以非离解形式起杀菌作用，所以在酸性环境中杀灭微生物的作用较强，碱性环境就差。在偏碱性时，细菌带负电荷多，有利于阳离子型消毒剂作用；而对阴离子消毒剂来说，酸性条件下消毒效果更好些。新型的消毒剂常含有缓冲剂等成分，可以减少 pH 值对消毒效果的影响。

（八）表面活性剂和稀释用水的水质

非离子表面活性剂和大分子聚合物可以降低季铵盐类消毒剂的作用，阴离子表面活性剂会影响季铵盐类的消毒作用，因此在用表面活性剂消毒时应格外小心。由于水中金属离子（如 Ca^{2+} 和 Mg^{2+}）对消毒效果也有影响，所以，在稀释消毒剂时必须考虑稀释用水的硬度问题。井水硬度大，一般不用于直接配制消毒液，如果必须使用井水，最好在井水中加入适量的软化剂。季铵盐类消毒剂在硬水环境中消毒效果不好，最好选用蒸馏水进行稀释。一种好的消毒剂应该能耐受各种不同的水质，不管用硬水还是软水稀释，消毒效果都不受什么影响。

（九）污物、残料和有机物的存在

灰尘、残料等都会影响消毒剂的消毒效果，尤其在进雏前消毒育雏用具时，一定要先清洗再消毒，否则污物或残料会严重影响消毒效果，使消毒不彻底。

消毒现场通常会遇到各种有机物，如血液、血清、培养基成分、分泌物、脓液、饲料残渣、泥土及粪便等，这些有机物的存在会严重干扰消毒剂的消毒效果。因为有机物覆盖在病原微生物表面，妨碍消毒剂与病原直接接触而延迟消毒反应，以至于对病原杀不死、杀不全。部分有机物可与消毒剂发生反应生成溶解度更低或杀菌能力更弱的物质，甚至产生的不溶性物质反过来与其他组分一起对病原微生物起到机械保护作用，阻碍消毒过程的顺利进行。同时有机物消耗部分消毒剂，降低了消毒剂的有效浓度。如蛋白质能消耗大量的酸性或碱性消毒剂；阳离子表面活性剂等易被脂肪、磷脂类有机物所溶解吸收。因此，在消毒前要先清洁再消毒。当然各种消毒剂受有机物影响程度有所不同。在有机物存在的情况下，氯制剂消毒效果显著降低；季铵盐类、过氧化物类等消毒作用也明显地受有机物影响；但烷基化类、戊二醛类及碘附类消毒剂则受有机物影响就比较小。对大多数消毒剂来说，当受到有机物影响时，需要适当加大处理剂量或延长作用时间。

（十）病原微生物的类型和数量

不同类型的微生物对消毒剂的敏感性不同，而且每种消毒剂有各自的特点，因此消毒时应根据具体情况科学地选用消毒剂。

为便于消毒工作的进行，往往将病原微生物对杀菌因子抗力分为若干级，以作为选择消毒方法的依据。过去，在致病微生物中多以细菌芽孢的抗力最强，分枝杆菌次之，细菌繁殖体最弱。根据近年来对微生物抗力的研究，微生物对杀菌因子抗力的排序依次为感染性蛋白因子（牛海绵状脑病病原体）、细菌芽孢（炭疽杆菌、梭状芽孢杆菌、枯草杆菌等芽孢）、分枝杆菌（结核杆菌）、革兰阴性菌（大肠杆菌、沙门菌等）、真菌（念珠菌、曲霉菌等）、无囊膜病毒（亲水病毒）或小型病毒（传染性法氏囊病毒、腺病毒等）、革兰阳性菌繁殖体（金黄色葡萄球菌、绿脓杆菌等）、囊膜病毒（亲脂病毒等）或中型病毒（新城疫病毒、禽流感病毒等）。其中，抗力最强的不再是细菌芽孢，而是最小的感染性蛋白因子（朊粒）。因此，在消毒时应根据新的抗力排序选择消毒剂。

目前所知，对感染性蛋白因子（朊粒）的灭活只有三种方法效果较好：一是长时间的压力蒸汽处理，132 ℃（下排气）30 分钟或 134~138 ℃（预真空）18 分钟；二是浸泡于 1 mol/L 氢氧化钠溶液作用 15 分钟，或含 8.25%有效氯的次氯酸钠溶液作

用 30 分钟；三是先浸泡于 1 mol/L 氢氧化钠溶液内作用 1 小时，然后以 121 ℃压力蒸汽处理 60 分钟。杀芽孢类消毒剂目前公认的主要有戊二醛、甲醛、环氧乙烷及氯制剂和碘附等。苯酚类制剂、阳离子表面活性剂、季铵盐类等消毒剂对畜禽常见囊膜病毒有很好的杀灭效果，但其对无囊膜病毒的效果就很差；无囊膜病毒必须用碱类、过氧化物类、醛类、氯制剂和碘附类等高效消毒剂才能确保有效杀灭。

消毒对象的病原微生物数量越多，则消毒越困难。因此，对严重污染物品或高危区域，如孵化室及伤口等破损处，应加强消毒，加大消毒剂的用量，延长消毒剂作用时间，并适当增加消毒次数，才能达到良好的消毒效果。

五、消毒过程中存在的误区

养鹅户在消毒过程中存在许多误区，致使消毒达不到理想效果。常见消毒误区主要有以下几点。

（一）不发生疫病不消毒

消毒的主要目的是杀灭传染源排出的病原体。传染病的发生要有三个基本条件：传染源、传播途径和易感动物。在家禽养殖中，有时没有看到疫病发生，但外界环境已存在传染源，传染源会排出病原体。如果此时没有采取严密的消毒措施，环境中的病原体越积越多，达到一定程度时，病原体就会通过空气、饲料、饮用水等传播途径扩散蔓延，入侵易感家禽，导致疾病。

因此，家禽消毒一定要及时有效。具体要注意以下三个环节：禽舍内消毒、舍外环境消毒和饮用水消毒。家禽消毒每周不少于 3 次，环境消毒每周 1 次，饮用水始终要进行消毒并保证清洁。

（二）消毒后就不会发生传染病

这种想法是错误的。虽然经过消毒，但并不一定就能收到彻底杀灭病原体的效果，这与选用的消毒剂及消毒方式等因素有关。许多消毒方法存在着消毒盲区，况且许多病原体都可以通过空气、飞禽、老鼠等多种传播媒介进行传播，即使采取严密的消毒措施，也很难切断全部传播途径。因此，家禽养殖除了进行严密的消毒外，还要结合养殖情况及疫病发生和流行规律，采取综合性生物安全措施，以确保家禽安全。

（三）消毒剂气味越浓效果越好

消毒剂的好坏，不简单地取决于气味。有许多好的消毒剂，如双季铵盐类、复合磺胺类消毒剂，就没有什么气味，但其消毒效果却特别好。因此，选择和使用消毒剂不要看气味浓淡，而要看其消毒效果。

（四）长期单一使用同一类消毒剂

长期单一使用同一种类的消毒剂，会使细菌、病毒等产生耐药性，给以后消毒增加难度。因此，家禽养殖户最好是将几种不同种类的消毒剂交替轮换使用，以提高消毒效果。

同时，消毒剂的选用如果过于单一，会导致无针对性。不同的消毒剂对不同的病原体敏感性是不一样的，一般病毒对含碘、溴、过氧乙酸的消毒剂比较敏感，细菌对含双链季铵盐类的消毒剂比较敏感。所以，在病毒多发的季节或鹅的生长阶段（如冬春、商品肉鹅 20 日龄以后）应多用含碘、含溴的消毒剂，而细菌病高发时（如夏季、商品肉鹅 20 日龄以前）应多用含双链季铵盐类的消毒剂。

（五）消毒不全面

一般情况下对鹅的消毒方法有三种，即带鹅（喷雾）消毒、饮用水消毒和环境消毒。这三种消毒方法可分别切断不同病原的传播途径，相互不能代替。带鹅消毒可杀灭空气中、鹅体表、地面及屋顶墙壁等处的病原体，对预防鹅呼吸道疾病很有意义，还具有降低舍内氨气浓度和防暑降温的作用；饮用水消毒可杀灭鹅饮用水中的病原体并净化肠道，对预防鹅肠道病很有意义；环境

消毒包括对鹅场地面、门口过道及运输车（料车、粪车）等的消毒，能净化环境，降低环境中病原体的数量和密度。很多养殖户认为，经常给鹅饮消毒液，鹅就不会得病。这是错误的认识，饮用水消毒操作方法科学合理，可减少鹅肠道病的发生，但对呼吸道疾病无预防作用。必须通过带鹅消毒来实现。因此，只有用上述三种方法共同给鹅消毒，才能达到消毒目的。

（六）消毒不连续

消毒是一项连续的工作，因此最好不间断。带鹅消毒和饮用水消毒的时间间隔如下。

1. 带鹅消毒

育雏期一般第1周以后才可带鹅消毒（过早不但影响舍温，而且如果头1周防疫做得不周密，会影响早期防疫），1周后最少每周消毒1次，最好2~3天消毒1次；育成期宜4~5天消毒1次；产蛋期宜1周消毒1次；发生疫情时每天消毒1次。疫苗接种前后2~3天不可带鹅消毒。

2. 饮用水消毒

首先需要明白，鹅喝的是消毒过的水，而不是消毒药水。饮用水消毒有两方面含义：第一，对饮用水进行消毒，可防止疾病通过饮用水传播。这样的消毒一般使用卤素类消毒液，如漂白粉、氯制剂等。使用氯制剂时，应使有效氯浓度达3×10^{-6}，或按消毒液说明书上要求的饮用水消毒的浓度比的上限来配制，这样浓度的消毒水可连续饮用。第二，净化肠道，一般每周饮1~2次，每次2~3小时即可，浓度按照消毒液说明书上要求的饮用水消毒的浓度比的下限来配制［如标“饮用水消毒1：（1 000~2 000）”，可用1∶1 000净化肠道，每周饮1~2次；用1∶2 000进行饮用水消毒，可连续饮用］。防疫前后3天、防疫当天（共7天）及用药时，不可进行饮用水消毒。

（七）机械消除是有效消毒的前提

要发挥消毒药物的作用，必须使消毒药物直接接触到病原微生物，但被消毒的现场会存在大量的有机物，如粪便、饲料残渣、畜禽分泌物、体表脱落物，以及鼠粪、污水或其他污物，这些有机物中藏有大量病原微生物。同时，消毒药物与有机物，尤其与蛋白质有不同程度的亲和力，可结合成为不溶性的化合物，并阻碍消毒药物作用的发挥。所以说，彻底的机械消除是有效消毒的前提。机械消除前应先将可拆卸的用具如食槽、水槽、笼具等拆下，运至舍外清扫、浸泡、冲洗、刷刮，并反复消毒。

舍内在拆除用具设备之后，从屋顶、墙壁、门窗，直到地面、粪池、水沟等按顺序认真打扫清除，然后用高压水冲洗直至完全干净。在打扫清除之前，最好先用消毒药物喷雾和喷洒，以免病原微生物四处飞扬和顺水流排出，扩散至相邻的畜禽舍及环境中，造成扩散污染。

（八）对消毒程序和“全进全出”认识不足

消毒应按一定程序进行，不可杂乱无章随心所欲。一般可按下列顺序进行：舍内从上到下（从屋顶、墙壁、门窗至地面）喷洒大量消毒剂→搬出和拆卸用具、设备→从上到下清扫→清除粪尿等污物→高压水充分冲洗→干燥→空中用消毒药物从上到下喷雾，雾粒应细，部分雾粒可在空中停留 15 分钟左右→干燥→换另一种类型消毒药物喷雾→装调试→密闭门窗后用甲醛熏蒸，必要时用 20%石灰浆涂墙，高约 2 m→将已消毒的设备及用具搬进舍内安装调试→密闭门窗后用甲醛熏蒸，必要时 3 天后再用过氧乙酸熏蒸一次→封闭空舍 7～15 天，如急用时，在熏蒸后 24 小时，打开门窗通风 24 小时后使用，才可认为消毒程序完成。有的场、户对“全进全出”的要求不甚了解，往往在清舍消毒时，将转群或出栏时剩余的数头（只）生长落后或有病无法转出的畜禽留在原舍内。可以说，在原舍内存留 1 头（只）畜禽，

都不能认为做到了“全进全出”。

（九）不能正确使用石灰消毒

石灰是消毒力好、无不良气味、价廉易得、无污染的消毒剂。但往往使用不当。新出窑的生石灰主要成分是氧化钙，加入相当于生石灰重量70%~100%的水，即生成疏松的熟石灰，即氢氧化钙，只有氢氧化钙离解出的氢氧根离子才具有杀菌作用。有的场、户在入场或畜禽入口池中，堆放厚厚的干石灰，让鞋踏而过，这样起不到消毒作用。也有的场、户用放置时间过久的熟石灰消毒，但因它已吸收了空气中的二氧化碳，成了没有氢氧根离子的碳酸钙，已完全丧失了杀菌消毒作用，所以也不能使用。还有的将石灰粉直接在舍内地面上撒一层，或上面再铺上一薄层垫料，这样常造成雏鹅脚蹼灼伤，或鹅因啄食而灼伤口腔及消化道。有的将石灰直接撒在鹅笼下或圈舍内，致使石灰粉尘大量飞扬，必定会使鹅吸入呼吸道内，引起咳嗽、打喷嚏、甩鼻、呼噜等一系列呼吸道症状，人为地造成呼吸道炎症。使用石灰消毒最好的方法是加水配制成10%~20%的石灰乳，涂刷鹅舍墙壁1~2次，称为“涂白覆盖”，既可消毒灭菌，又有覆盖污斑、涂白美观的作用。

（十）饮用水消毒有误区

许多消毒药物，其说明书称，可用于鹅的饮用水消毒，并称“高效、广谱、对人鹅无害”“可100%杀灭某某菌及某某病，用于饮用水或拌料内服，在1~3天可扑灭某某病”等，这显然是夸大其词甚至误导。鹅喝的是经过消毒的水，而不是消毒药水，饮用水消毒实际是把饮用水中的微生物杀灭或控制鹅体内的病原微生物。如果任意加大水中消毒药物的浓度或长期饮用，除可引起急性中毒外，还可杀死或抑制肠道内的正常菌群，对鹅的健康造成危害。所以饮用水消毒应该是预防性的，而不是治疗性的。在临床上常见的饮用水消毒剂多为氯制剂、季铵盐类和碘制剂，中毒原因往往是浓度过高或使用时间过长。中毒后多见胃肠道炎症并积有黏液、腹泻，以及不同程度的死亡，对产蛋鹅则造成产蛋率下降。按照某些资料，给雏鹅用0.1%高锰酸钾饮用水，结果会造成口腔及上消化道黏膜被腐蚀，往往导致雏鹅死亡。

第二节　常用消毒设备

根据消毒方法、消毒性质不同，消毒设备也有所不同。消毒工作中，由于消毒方法的种类很多，除了要根据消毒对象的特点和消毒要求选择适当的消毒剂外，还要了解消毒时采用的设备是否适当，以及操作中的注意事项等。同时还需注意，无论采取哪种消毒方式，都要做好消毒人员的自身防护。

常用消毒设备可分为物理消毒设备、化学消毒设备和生物消毒设备。

一、物理消毒常用设备

物理消毒灭菌技术在动物养殖和生产中具有独特的特点和优势。物理消毒灭菌一般不改变被消毒物品的原有组分，能保持饲料和食物固有的营养价值；不产生有毒有害物质残留，不会造成被消毒灭菌物品的二次污染；对周围环境的影响较小。但是，大多数物理消毒灭菌技术往往操作复杂，需要大量的机械设备，而且成本较高。

养鹅场物理消毒方法主要有紫外线照射、机械清扫、洗刷、通风换气、干燥、煮沸、蒸汽、火焰焚烧等。依照消毒的对象、环节等，配备相应的消毒设备。

（一）高压清洗机

机械清扫、冲洗设备主要是高压清洗机。高压清洗机是通过

动力装置使高压柱塞泵产生高压水来冲洗物体表面的机器，高压水可将污垢剥离，冲走，达到清洗物体表面的目的。高压清洗是世界公认最科学、经济、环保的清洁方式之一，主要用于冲洗养殖场场地、畜禽圈舍建筑、养殖场设施设备、车辆和喷洒药剂等。

高压清洗机可分为冷水高压清洗机、热水高压清洗机。两者最大的区别在于，热水清洗机加了一个加热装置，利用燃烧缸把水加热。

1. 分类

按驱动引擎来分，高压清洗机分为电机驱动高压清洗机、汽油机驱动高压清洗机和柴油机驱动高压清洗机三大类。顾名思义，这三种清洗机都配有高压泵，不同的是它们分别与电机、汽油机、柴油机相连，由此驱动高压泵运作。汽油机驱动高压清洗机和柴油机驱动高压清洗机的优势在于他们不需要电源就可以在野外作业。

2. 产品原理

高压清洗机是使用高压水柱清理污垢的一种设备，由于水的冲击力大于污垢与物体表面的附着力，所以通过高压水就会将污垢剥离并冲走。

使用时，除非是很顽固的油渍才需要在高压水中加入一点清洁剂，一般情况下，高压清洗机喷出的高压水所产生的泡沫就足以将一般污垢冲洗掉。

（二）紫外线灯

紫外线是一种低能量电磁波，具有较好的杀菌作用。紫外线消毒仅需几秒钟即可对细菌、病毒、真菌、芽孢、衣原体等达到灭活效果，而且运行操作简便，基建投资及运行费用低，因此被广泛应用于畜禽养殖场消毒。

1. 消毒原理

利用紫外线照射，使菌体蛋白发生光解、变性，菌体的氨基酸、核酸、酶遭到破坏，同时紫外线通过空气时，使空气中的氧电离产生臭氧，加强了杀菌作用。

2. 消毒方法

紫外线多用于空气及物体表面的消毒，波长 2 573 Å（1 Å = 10^{-10} m）。用于空气消毒，有效距离不超过 2 m，照射时间 30 ~ 60 分钟；用于物体表面消毒，有效距离为 25 ~ 60 cm，照射时间 20 ~ 30 分钟，从灯亮 5 ~ 7 分钟开始计时（灯亮需要预热一定时间，才能使空气中的氧电离产生臭氧）。

3. 消毒措施

（1）空气消毒均采用紫外线照射时，采用固定式安装，将灯固定吊装在天花板或墙壁上，离地面 2.5 m 左右。灯管下安装金属反射罩，使紫外线反射到天花板上，安装在墙壁上的，反光罩斜向上方，使紫外线照射在与水平面呈 3° ~ 80° 范围内，这样使上部空气受到紫外线的直接照射，而当上下层空气对流交换（人工或自然）时，整个空气都会受到消毒。通常 6 ~ 15 m^3 空间用 1 支 15 W 的紫外线灯。

对实验室、更衣室空气的消毒，在直接照射时每 9 m^2 地板面积需要 1 支 30 W 的紫外线灯。人员进出场区，要通过消毒间，经紫外线照射消毒。

空气消毒时，室内所有的柜门、抽屉等都要打开，保证消毒室所有空间充分暴露，都能得到紫外线的照射，做到消毒无死角。

（2）关灯后立即开灯，会减少灯管寿命，应冷却 3 ~ 4 分钟后再开，可以连续使用 4 小时，通风散热要好，以保持灯管寿命。

（3）应随时保持消毒室的清洁干燥，每天用消毒液浸泡后的专用抹布擦拭消毒室，用专用拖把拖地。

（4）规范紫外线灯日常监测登记，必须做到分室、分盏进

行登记，登记簿中有灯管启用日期、每天消毒时间、累计时间、执行者签名等内容，要求消毒后如实做好记录。

（5）紫外线也可对水进行消毒，优点是水中不必添加其他消毒剂或提高温度。紫外线在水中的穿透力随深度的增加而降低。水中杂质对紫外线穿透力的影响更大。

对水消毒的装置，可呈管道状，使水由一侧流入，另一侧流出；紫外线灯管不能浸于水中，以免降低灯管温度，减少输出强度；流过的水层不宜超过 2 cm。

直流式紫外线水液消毒器，使用 30 W 灯管 1 支，每小时可处理约 2 000 L 水；套管式紫外线水液消毒器，使水沿外管壁形成薄层流到底部，接受紫外线的充分照射，每小时可生产 150 L 无菌水。

（6）在进行紫外线消毒的时候，还要注意保护好个人的眼睛和皮肤，紫外线会损伤角膜、皮肤上皮。在进行紫外线消毒的时候，人员最好不要进入正在消毒的房间。如果必须进入，最好戴上防紫外线的护目镜。

4. 使用紫外线灯的注意事项

紫外线灯灯管表面应经常（一般 2 周 1 次）用酒精棉球轻轻擦拭，除去上面的灰尘和油垢，减少对紫外线穿透力的影响。紫外线肉眼看不见，有条件的场应定期测量灯管的输出强度，没有条件的可逐日记录使用时间，以判断是否达到使用期限。消毒时，房间内应保持清洁、干燥，空气中不应有灰尘和水雾，温度保持在 20 ℃以上，相对湿度不宜超过 60%。紫外线不能穿透的表面（如纸、布等），只有直接照射的一面才能达到消毒目的，因而要按时翻动，使各面都能受到有效照射。人员进场进行紫外线消毒时，消毒时间不能过长，以每次消毒 5 分钟为宜；不能让紫外线直接长期照射人的体表和眼睛。

（三）干热灭菌设备

干热灭菌法是热力消毒、灭菌常用的方法之一，它包括焚烧、烧灼和热空气法。

焚烧是用于传染病畜禽尸体、病畜禽垫草、病料，以及被污染的杂草、地面等的灭菌，可直接点燃或在炉内焚烧。烧灼是直接用火焰进行灭菌，适用于微生物实验室的接种针、接种环、试管、玻璃片等耐热器材的灭菌。热空气法是利用干热空气进行灭菌，主要用于各种耐热玻璃器皿，如试管、吸管、烧瓶及培养皿等实验器材的灭菌，这种灭菌法是在一种特制的电热干燥器内进行的。由于干热空气的穿透力低，因此，箱内温度上升到 160 ℃后，保持 2 小时才可保证杀死所有的细菌及其芽孢。

1. 干热灭菌器

（1）构造：干热灭菌器也就是烤箱，是由双层铁板制成的方形金属箱，外壁内层装有隔热的石棉板。箱底下放置大型火炉，或在箱壁中装置电热线圈。内壁上有数个孔，供流通空气用。箱前有铁门及玻璃门，箱内有金属箱板架数层。电热烤箱的前下方装有温度调节器，可以保持所需的温度。

（2）使用方法：将培养皿、吸管、试管等玻璃器材包装后放入箱内，闭门加热。当温度上升至 160~170 ℃时，保持温度 2 小时，到达时间后，停止加热，待温度自然下降至 40 ℃以下，方可开门取物，否则冷空气突然进入，易引起玻璃炸裂，且热空气外溢，往往会灼伤取物者的皮肤。一般吸管、试管、培养皿、凡士林、液态石蜡等均可用本法灭菌。

2. 火焰灭菌设备

火焰灭菌法是指用火焰直接烧灼的灭菌方法。该方法灭菌迅速、可靠、简便，适合于耐火材料（如金属、玻璃及瓷器等）与用具的灭菌，不适合药品的灭菌。

所用的设备包括火焰专用型和喷雾火焰兼用型两种。专用型

的特点是使用轻便，适用于大型机种无法操作的地方；便于携带，适用于室内外和小、中型面积处，方便快捷；操作容易，打气、按电门即可发动，按气门钮即可停止；全部采用不锈钢材料，机件坚固耐用。兼用型除上述特点外，还具有以下特点：一是节省药剂，可根据被使用的场所和目的不同，用旋转式药剂开关来调节药量；二是节省人工费，用 1 台烟雾消毒器能达到 10 台手压式喷雾器的作业效率；三是消毒彻底，消毒器喷出的直径 5~30 μm 的小粒子形成雾状浸透在每个角落，可达到最大的消毒效果。

（四）湿热灭菌设备

湿热灭菌法是热力消毒和灭菌的一种常用方法，包括煮沸消毒法、流通蒸汽消毒法和高压蒸汽灭菌法。

1. 消毒锅

消毒锅用于煮沸消毒，适用于一般器械如刀剪、注射器等金属和玻璃制品及棉织品等的消毒。这种方法简单、实用、杀菌能力比较强，效果可靠，是最古老的消毒方法之一。消毒锅一般是金属容器，煮沸消毒时要求水持续沸腾 5~15 分钟，一般水温能达到 100 ℃，细菌繁殖体、真菌、病毒等可立即死亡。而细菌芽孢需要的时间比较长，要 15~30 分钟，有的要几个小时才能杀灭。煮沸消毒时，要注意以下几个问题。

（1）煮沸消毒前，应将物品洗净。易损坏的物品用纱布包好再放入水中，以免沸腾时互相碰撞。不透水物品应垂直放置，以利水的对流。水面应高于物品。消毒器应加盖。

（2）消毒时，应自水沸腾后开始计算时间，一般需 15~20 分钟。各种器械煮沸消毒时间见表 1-1。对注射器或手术器械灭菌时，应煮沸 30~40 分钟。加入 2%碳酸钠，可防锈，并可提高沸点（水中加入 1%碳酸钠，沸点可达 105 ℃），加速微生物死亡。

表 1-1　各种器械煮沸消毒参考时间

消毒对象	消毒参考时间（分钟）
玻璃类器材	20～30
橡胶类及电木类器材	5～10
金属类及搪瓷类器材	5～15
接触过传染病料的器材	>30

（3）对棉织品煮沸消毒时，一次放置的物品不宜过多。煮沸时应略加搅拌，以利于水的对流。物品加入较多时，煮沸时间应延长到30分钟以上。

（4）消毒时，物品间不要有气泡残留；勿放入能增加黏稠度的物质。消毒过程中，水应保持连续煮沸，中途不得加入新的污染物品，否则消毒时间应从水再次沸腾后重新计算。

（5）消毒时，物品因无外包装，事后取出和放置时谨防再污染。对已灭菌的无包装医疗器材，取用和保存时应严格按无菌操作要求进行。

2. 高压蒸汽灭菌器

（1）结构：高压蒸汽灭菌器是一个双层的金属圆筒，两层之间盛水，外层坚固厚实，其上方有金属厚盖，盖旁附有螺旋，借以紧闭盖门，使蒸汽不能外溢，因而蒸汽压力升高，随之其温度亦相应地增高。

高压蒸汽灭菌器上装有排气阀门、安全活塞，以调节蒸汽压力；有温度计及压力表，以表示内部的温度和压力。灭菌器内装有带孔的金属搁板，用以放置要灭菌的物体。

（2）使用方法：加水至外筒内，被灭菌物品放入内筒。盖上灭菌器盖，拧紧螺旋使之密闭。灭菌器下用煤气或电炉等加热，同时打开排气阀门，排净其中冷空气，否则压力表上所示压

力并非全部是蒸汽压力，灭菌将不完全。

待冷空气全部排出后（水蒸气从排气阀中连续排出时），关闭排气阀。继续加热，待压力表渐渐升至所需压力时（一般是101.53 kPa，温度为121.3 ℃），调节炉火，保持压力和温度（注意压力不要过大，以免发生意外），维持15~30分钟。灭菌时间到达后，停止加热，待压力降至零时，慢慢打开排气阀，排除余气，开盖取物。切不可在压力尚未降为零时突然打开排气阀门，避免灭菌器中液体喷出。

高压蒸汽灭菌法为湿热灭菌法，其优点有三：一是湿热灭菌时菌体蛋白容易变性；二是湿热穿透力强；三是蒸汽变成水时可放出大量热增强杀菌效果。因此，该法是效果最好的灭菌方法。凡耐高温和潮湿的物品，如培养基、生理盐水、衣服、纱布、棉花、敷料、玻璃器材、传染性污物等都可应用本法灭菌。

3. 流通蒸汽灭菌器

流通蒸汽消毒设备的种类很多，比较理想的是流通蒸汽灭菌器。

流通蒸汽灭菌器由蒸汽发生器、蒸汽回流、消毒室和支架等构成。蒸汽由底部进入消毒室，经回流罩再返回到蒸汽发生器内，这种蒸汽消耗少，只需维持较小火力即可。

流通蒸汽消毒时，消毒时间应从水沸腾后有蒸汽冒出时算起，消毒时间同煮沸法，消毒物品包装不宜过大、过紧，吸水物品不要浸湿后放入；因在常压下，蒸汽温度只能达到100 ℃，维持30分钟只能杀死细菌的繁殖体，不能杀死细菌芽孢和霉菌孢子，所以有时必须使用间歇灭菌法，即用蒸汽灭菌器或用蒸笼加热至约100 ℃维持30分钟，每天进行1次，连续3天。每天消毒完后都必须将被灭菌的物品取出放在室温或37 ℃温箱中过夜，提供芽孢发芽所需的条件。对不具备芽孢发芽条件的物品不能用此法灭菌。

二、化学消毒常用设备

（一）喷雾器

喷洒消毒、喷雾免疫时常用的设备是喷雾器。喷雾器有背负式喷雾器和机动喷雾器。背负式喷雾器又有压杆式喷雾器和充电式喷雾器，适用于小面积环境消毒和带鹅消毒。机动喷雾器按其所使用的动力来划分，主要有电动（交流电或直流电）和气动两种，每种又有不同的型号。喷雾器适用于鹅舍外环境和空舍消毒，在实际应用时要根据具体情况选择合适的喷雾器。在使用喷雾器进行消毒或免疫时要注意以下几点。

（1）喷雾器消毒：固体消毒剂有残渣或溶化不全时，容易堵塞喷嘴，因此不能直接在喷雾器的容器内配制消毒剂，而应在其他容器内配制好以后经喷雾器的过滤网装入喷雾器的容器内。压杆式喷雾器容器内药液不能装得太满，否则不易打气。配制消毒剂的水温不宜太高，否则易使喷雾器的塑料桶身变形，而且喷雾时不顺畅。使用完毕，将剩余药液倒出，用清水冲洗干净，倒置，打开一些零部件，等晾干后再装起来。

（2）喷雾器免疫：喷雾器免疫是利用气泵将空气压缩，然后通过气雾发生器使稀释疫苗形成一定大小的雾化粒子，均匀地悬浮于空气中，随呼吸进入家禽体内。要求喷出的雾滴大小符合要求，而且均匀，80%以上的雾滴大小应在要求范围内。喷雾过程中要按使用说明操作，并注意喷雾质量，发现问题或喷雾器出现故障，应立即停止操作。操作完毕，要用清水洗喷雾器，让喷雾器充分干燥后，包装好保存。注意防止腐蚀，不要用去污剂或消毒剂清洗容器内部。

免疫时较合适的温度是15～25 ℃，温度再低些也可进行，但一般不要在环境温度低于4 ℃的情况下进行。如果环境温度高于25 ℃，雾滴会迅速蒸发而不能进入家禽的呼吸道，必须进行

免疫时，可以先在禽舍内喷水提高舍内空气的相对湿度后再进行。

喷雾时，房舍应密闭，关闭门、窗和通风口，减少空气流动。在喷雾完后15~20分钟再开启门窗。选用直径为59 μm以下的喷雾器时，喷雾枪口应在家禽头上方约30 cm处喷射，使禽体周围形成良好的雾化区，雾滴粒子不立即沉降并在空间悬浮适当时间。

（二）气雾免疫机

气雾免疫机是一种多功能设备，可用于疫苗免疫，也可用于微雾消毒、气雾施药、降温等。

1. 类型

气雾免疫机的种类很多，有手提式、推车式和固定式。

2. 特点

（1）直流电源动力，使用方便。

（2）免疫速度快，20分钟可完成万只鹅的免疫。

（3）多重功能，集免疫、消毒、降温、施药等功能于一身。

（4）压缩空气喷雾，雾粒均匀，直径在20~100 μm之间，且可调节。

（5）低噪声。

（6）省时、省力、省人工。

（7）免疫应激小，安全系数高。

3. 使用方法

（1）鹅群免疫接种宜在傍晚进行，以降低鹅群发生应激反应的概率，避免阳光直射疫苗。关闭鹅舍的门窗和通风设备，减少鹅舍内的空气流动，并将鹅群圈于阴暗处。雾化器内应无消毒剂等药物残留，最好选用疫苗接种专用的器具。

（2）疫苗的配制及用量。选用不含氯元素和铁元素的清洁水溶解疫苗，并在水中打开瓶盖倒出疫苗。常用的水有去离子水和蒸馏水，不能选用生理盐水等含盐类的稀释剂，以免喷出的雾粒迅速干燥致使盐类浓度升高而影响疫苗的效力。该接种法疫苗的使用量通常是其他接种法疫苗使用量的2倍，配液量应根据免疫的具体对象而定。

（3）喷雾方法。将鹅群赶到较长墙边的一侧，在鹅群顶部30~50 cm处喷雾，边喷边走，至少应往返喷雾2~3遍后才能将疫苗均匀喷完。喷雾后20分钟才能开启门窗，因为一般的喷雾雾粒大约需要20分钟才会降落至地面。

4. 注意事项

（1）雾化粒子的大小要适中，在喷雾前可以用定量的水试喷，掌握好最佳的喷雾速度、喷雾流量和雾化粒子大小。

（2）在有慢呼吸道等疾病的鹅群中应慎用气雾免疫。

（3）稀释疫苗用水要洁净，建议选用纯净水，这样就可以避免酸碱度与矿物质元素对药物的影响。

三、生物消毒设备

（一）具有消毒功能的生物

1. 植物

植物为了保护自身免受外界的侵袭，特别是微生物的侵袭，可以产生抗菌物质，并且随着植物的进化，这些抗菌物质就愈来愈局限在植物的个别器官或器官的个别部位。目前实验已证实具有抗菌作用的植物有130多种，抗真菌的有50多种，抗病毒的有20多种。有的植物既有抗菌作用，又有抗真菌和抗病毒作用。中草药消毒剂大多是采用多种中草药的提取物，主要用于空气消毒、皮肤黏膜消毒等。

2. 细菌

当前用于消毒的细菌主要是噬菌蛭弧菌。它可裂解多种细菌，如霍乱弧菌、大肠杆菌、沙门菌等，可用于水的消毒处理。

此外，梭状芽孢杆菌、类杆菌属中的某些细菌，可用于污水、污泥的净化处理。

3. 噬菌体和质粒

一些广谱噬菌体，可裂解多种细菌，但一种噬菌体只能感染一个种属的细菌，对大多数细菌不具有专业性吸附能力，这使噬菌体在消毒方面的应用受到很大限制。细菌质粒中有一类能产生细菌素，细菌素是一类具有杀菌作用的蛋白质，大多为单纯蛋白，有些含有蛋白质和碳水化合物，对微生物有杀灭作用。

4. 微生物代谢等产物

一些真菌和细菌的代谢产物如毒素，具有抗菌或抗病毒作用，亦可用作消毒或防腐。

5. 生物酶

生物酶来源于动植物组织提取物或其分泌物、微生物体自溶物及其代谢产物。生物酶在消毒中的应用研究源于20世纪70年代，我国在这方面的研究走在世界前列。20世纪80年代，我国就研制出溶葡萄球菌酶消毒杀菌技术。近年来，对酶的杀菌应用取得了突破，可用于杀菌的酶主要有细菌胞壁溶酶、酵母胞壁溶酶、霉菌胞壁溶酶、溶葡萄球菌酶等，可用来消毒污染物品。此外，还出现了溶菌酶、化学修饰溶菌酶及人工合成肽抗菌剂等。

总体而言，绿色环保的生物消毒技术在水处理领域的应用前景广阔，研究表明，生物消毒技术可以在很多领域发挥作用，如用于饮用水消毒、污水消毒、海水消毒和用于控制微生物污染的工业循环水及中水回用等领域。生物消毒技术虽然目前还没有广泛应用，但是作为一种符合人类社会可持续发展理念的绿色环保型的水处理消毒技术，它具有成本相对低廉、理论相对成熟、研究方法相对简单的优势，故应用前景广阔。

（二）生物消毒的应用

由于生物消毒的过程缓慢，消毒可靠性比较差，对细菌芽孢没有杀灭作用，因此生物消毒技术不能达到彻底无害化。生物消毒技术在动物排泄物与污染物的消毒处理、自然水处理、污水污泥净化中有广泛应用，在农牧业防控疾病等方面也进行了实验性应用。

1. 生物热发酵堆肥

堆肥法是在人为控制堆肥因素的条件下，根据各种堆肥原料的营养成分和堆肥工程中微生物对混合堆肥中碳氧化、碳磷比、颗粒大小、水分含量和 pH 值等的要求，将计划中的各种堆肥材料按一定比例混合堆积，在合适的水分、通气条件下，使微生物繁殖并降解有机质，从而产生高温，杀死其中的病原菌及杂草种子，使有机物达到稳定，最终形成良好的有机复合肥。

2. 沼气发酵

沼气发酵又称厌氧消化，是在厌氧环境中微生物分解有机物最终生产沼气的过程，其产品是沼气和发酵残留物（有机肥）。沼气发酵是生物质能转化最重要的技术之一，它不仅能有效处理有机废物，降低生物耗氧量，还具有杀灭致病菌，减少蚊蝇滋生的功能。此外，沼气发酵作为废物处理的手段，不仅节省能耗，而且能生产优质的沼气和高效有机肥。

四、消毒防护

无论采取哪种消毒方式，都要注意消毒人员的自身防护。消毒防护，首先要严格遵守操作规程和注意事项，其次要注意消毒人员及消毒区域内其他人员的防护。防护措施要根据消毒方法的原理和操作规程有针对性。例如，进行喷雾消毒和熏蒸消毒就应穿上防护服，戴上眼镜和口罩；进行紫外线直接照射消毒，室内人员都应该离开，避免直接照射，进出养殖场人员通过消毒室进行紫外线照射消毒时，眼睛不能看紫外线灯，避免眼睛受到灼伤。

常用的个人防护用品可以参照国家标准进行选购，防护服应该配帽子、口罩和鞋套。

（一）防护服要求

防护服应做到防酸碱、防水、防寒挡风、透气等。

1. 防酸碱

在消毒过程中，要求防护服能防酸碱、耐腐蚀。在工作完毕或离开疫区时，能用消毒液高压喷淋、洗涤消毒。

2. 防水

防水好的防护服材料，在 1 m^2 的防水布料薄膜上就有 14 亿个微细孔，一颗水珠比这些微细孔大 2 万倍，因此，水珠不能穿过薄膜层而湿润布料，可保证操作中的防水效果。

3. 防寒挡风

防护服材料极小的微细孔呈不规则排列，可阻挡冷风及寒气的侵入。

4. 透气

材料微孔直径应是汗液分子的 700～800 倍，汗气可以穿透面料，即使在工作量大、体液蒸发较多时人也感到干爽舒适。

（二）防护用品规格

1. 防护服

一次性使用的防护服应符合《医用一次性防护服技术要求》（GB 19082—2003）。外观应干燥、清洁、无尘、无霉斑；表面不允许有斑疤、裂孔等缺陷；针线缝合采用针缝加胶合或作折边缝合，针距要求每 3 cm 缝合 8～10 针，针次均匀、平直，不得有跳针。

2. 防护口罩

防护口罩应符合《医用防护口罩技术要求》（GB 19083—2003）。

3. 防护眼镜

防护眼镜应视野宽阔，透亮度好，有较好的防溅性能，有弹力带。

4. 手套

手套应使用医用一次性乳胶手套或橡胶手套。

5. 鞋及鞋套

鞋及鞋套应防水、防污染，如长筒胶鞋。

（三）防护用品的使用

1. 穿戴防护用品顺序

步骤 1：戴口罩。平展口罩，双手平拉推向面部，捏紧鼻夹使口罩紧贴面部；左手按住口罩，右手将护绳绕在耳根部；右手按住口罩，左手将护绳绕向耳根部；双手上下拉边沿，使其盖至眼下和下巴。

戴口罩的注意事项：摘戴口罩前先洗手，要保持双手洁净，尽量不要触碰口罩内侧，以免手上的细菌污染口罩；口罩每隔 4 小时更换 1 次；面纱口罩要及时清洗，并且高温消毒后晾晒，最好在阳光下晒干。

步骤 2：戴帽子。戴帽子时注意双手不要接触面部，帽子的下沿应遮住耳的上沿，头发尽量不要露出。

步骤 3：穿防护服。

步骤 4：戴防护眼镜。注意双手不要接触面部。

步骤 5：穿鞋套或胶鞋。

步骤 6：戴手套。将手套套在防护服袖口外面。

2. 脱掉防护用品顺序

步骤 1：摘下防护镜，放入消毒液中。

步骤 2：脱掉防护服，将反面朝外，放入黄色塑料袋中。

步骤 3：摘掉手套，一次性手套应将反面朝外，放入黄色塑料袋中，橡胶手套放入消毒液中。

步骤 4：将手指反掏进帽子，将帽子轻轻摘掉，反面朝外，放入黄色塑料袋中。

步骤 5：脱下鞋套或胶鞋，将鞋套反面朝外，放入黄色塑料袋中，将胶鞋放入消毒液中。

步骤 6：摘口罩，一手按住口罩，另一只手将口罩带摘下，放入黄色塑料袋中，注意双手不接触面部。

（四）防护用品使用后的处理

消毒结束后，执行消毒的人员需要进行自洁处理，必要时更换防护服对其做消毒处理。有些废弃的污染物包括使用后的一次性隔离衣裤、口罩、帽子、手套、鞋套等不能随便丢弃，应有一定的消毒处理方法，这些方法应该安全、简单、经济。

基本要求：污染物应装入盒或袋内，以防止操作人员接触；防止污染物接近人、鼠或昆虫；不应污染表层土壤、表层水及地下水；不应造成空气污染。污染废弃物应当严格清理检查，清点数量，根据材料性质进行分类，分成可焚烧处理和不可焚烧处理两大类。干性可燃污染废物进行焚烧处理，不可燃废物浸泡消毒。

（五）培养良好的防护意识和防护习惯

消毒人员不仅应该熟悉各种消毒方法、消毒程序、消毒器械和常用消毒剂，还应该熟悉微生物和传染病检疫防疫知识，能够对疫源地的污染菌做出判断。

由于动物防疫检疫人员或消毒人员长期暴露于被病原体污染的环境下，因此，从事消毒工作的人员应该具备良好的防护意识，养成良好的防护习惯，加强消毒人员自身防护，防止和控制人畜共患病的发生。如在干热灭菌时防止燃烧；压力蒸汽灭菌时防止爆炸事故及操作人员的烫伤事故；使用气体化学消毒时，防止有毒消毒气体的泄漏，经常检测消毒环境中气体的浓度，对环氧乙烷气体还应防止燃烧、爆炸事故；接触化学消毒灭菌时，防止过敏和皮肤黏膜的伤害等。

第三节　常用的化学消毒剂

利用化学消毒剂杀灭传播媒介上的病原体，以达到预防感染、控制传染病的传播和流行的目的，这种方法称为化学消毒法。化学消毒法具有适用范围广、消毒效果好、无须特殊仪器和设备、操作简便易行等特点，是目前兽医消毒工作中最常用的方法。化学消毒法要使用化学消毒剂。

一、化学消毒剂的分类

用于杀灭传播媒介上病原体的化学药物，称为化学消毒剂。化学消毒剂的种类很多，分类方法也有多种。

（一）按杀菌能力分类

化学消毒剂按照其杀菌能力可分为高效消毒剂、中效消毒剂、低效消毒剂等三类。

1. 高效消毒剂

高效消毒剂可杀灭各种细菌繁殖体、病毒、真菌及其孢子等，对细菌芽孢也有一定杀灭作用，达到高水平消毒要求，包括含氯消毒剂、臭氧、甲基乙内酰脲类化合物、双链季铵盐等。其中可使物品达到灭菌要求的高效消毒剂又称为灭菌剂，包括甲醛、戊二醛、环氧乙烷、过氧乙酸、过氧化氢等。

2. 中效消毒剂

中效消毒剂能杀灭细菌繁殖体、分枝杆菌、真菌、病毒等微生物，达到消毒要求，包括含碘消毒剂、醇类消毒剂、酚类消毒剂等。

3. 低效消毒剂

低效消毒剂仅可杀灭部分细菌繁殖体、真菌和有囊膜病毒，不能杀死结核杆菌、细菌芽孢和较强的真菌和病毒，达到消毒剂要求，包括苯扎溴铵等季铵盐类消毒剂、氯己定（洗必泰）等双胍类消毒剂，汞、银、铜等金属离子类消毒剂及中草药消毒剂。

（二）按化学成分分类

化学消毒剂按其化学成分不同可分为以下几类。

1. 卤素类消毒剂

这类消毒剂有含氯消毒剂类、含碘消毒剂类及卤化海因类消毒剂等。

（1）含氯消毒剂：可分为有机氯消毒剂和无机氯消毒剂两类。目前常用的有二氯异氰尿酸钠及其复方消毒剂、氯化磷酸三钠、液氯、次氯酸钠、三氯异氰尿酸、氯尿酸钾、二氯异氰尿酸等。

（2）含碘消毒剂：可分为无机碘消毒剂和有机碘消毒剂，如碘附、碘酊、碘甘油、PVP 碘、洗必泰碘等。碘附对各种细菌繁殖体、真菌、病毒均有杀灭作用，受有机物影响大。

（3）卤化海因类消毒剂：为高效消毒剂，对细菌繁殖体及芽孢、病毒、真菌均有杀灭作用。目前国内外使用的这类消毒剂有二氯海因（二氯二甲基乙内酰脲，DCDMH）、二溴海因（二溴二甲基乙内酰脲，DBDMH）、溴氯海因（溴氯二甲基乙内酰脲，BCDMH）三种。

2. 氧化剂类消毒剂

氧化剂类消毒剂常用的有过氧乙酸、过氧化氢、臭氧、二氧化氯、酸性氧化电位水等。

3. 烷基化气体类消毒剂

这类化合物中主要有环氧乙烷、环氧丙烷和乙型丙内酯等，

其中以环氧乙烷应用最为广泛，杀菌作用强大，灭菌效果可靠。

4. 醛类消毒剂

醛类消毒剂常用的有甲醛、戊二醛等。戊二醛是第三代化学消毒剂的代表，被称为冷灭菌剂，灭菌效果可靠，对物品腐蚀性小。

5. 酚类消毒剂

这是一类古老的中效消毒剂，常用的有石炭酸、来苏儿、复合酚类（农福）等。由于酚类消毒剂对环境有污染，目前有些国家限制使用酚类消毒剂。这类消毒剂在我国的应用也逐步减少，有被其他消毒剂取代的趋势。

6. 醇类消毒剂

醇类消毒剂主要用于皮肤术部消毒，如乙醇、异丙醇等。这类消毒剂可以杀灭细菌繁殖体，但不能杀灭芽孢，属中效消毒剂。研究发现，醇类消毒剂与戊二醛、碘附等配伍，可以增强消毒效果。

7. 季铵盐类消毒剂

单链季铵盐类消毒剂是低效消毒剂，一般用于皮肤黏膜的消毒和环境表面消毒，如新洁尔灭、度米芬等。双链季铵盐阳离子表面活性剂，不仅可以杀灭多种细菌繁殖体，而且对芽孢有一定杀灭作用，属于高效消毒剂。

8. 双胍类消毒剂

双胍类消毒剂是一类低效消毒剂，不能杀灭细菌芽孢，但对细菌繁殖体的杀灭作用强大，一般用于皮肤黏膜的防腐，也可用于环境表面的消毒，如氯己定（洗必泰）等。

9. 酸碱类消毒剂

常用的酸类消毒剂有乳酸、醋酸、硼酸、水杨酸等，常用的碱类消毒剂有氢氧化钠（苛性钠）、氢氧化钾（苛性钾）、碳酸钠（石碱）、氧化钙（生石灰）等。

10. 重金属盐类消毒剂

该类消毒剂主要用于皮肤黏膜的消毒防腐，有抑菌作用，但杀菌作用不强。常用的有红汞、硫柳汞、硝酸银等。

（三）按性状分类

化学消毒剂按性状可分为固体消毒剂、液体消毒剂和气体消毒剂三类。

二、化学消毒剂的选择与使用

（一）选择适宜的消毒剂

化学消毒是生产中最常用的方法，但市场上的消毒剂种类繁多，其性质与作用不尽相同，消毒效力千差万别，所以消毒剂的选择至关重要，关系到消毒效果和消毒成本，必须选择适宜的消毒剂。

1. 优质消毒剂的标准

优质的消毒剂应具备如下条件：杀菌谱广，有效浓度低，作用速度快；化学性质稳定，且易溶于水，能在低温下使用；不易受有机物、酸、碱及其他理化因素的影响；毒性低，刺激性小，对人畜危害小，不残留在畜禽产品中，腐蚀性小，使用无危险；无色、无味、无臭，消毒后易于去除残留药物；价格低廉，使用方便。

2. 适宜消毒剂的选择

（1）考虑消毒病原微生物的种类和特点：不同种类的病原微生物，如细菌、细菌芽孢、病毒及真菌等，它们对消毒剂的敏感性有较大差异，即对消毒剂的抵抗力有强有弱。消毒剂对病原微生物也有一定选择性，其杀菌、杀病毒力也有强有弱。针对病原微生物的种类与特点，选择合适的消毒剂，这是消毒工作成败的关键。例如，要杀灭细菌芽孢，就必须选用高效的消毒剂，才能取得可靠的消毒效果；季铵盐类是阳离子表面活性剂，因其杀菌作用的阳离子具有亲脂性，而革兰阳性菌的细胞壁含类脂多于革兰阴性菌，故革兰阳性菌更易被季铵盐类消毒剂灭活；如为杀灭病毒，应选择对病毒消毒效果好的碱类消毒剂、季铵盐类消毒剂及过氧乙酸等。同一种类病原微生物所处的状态不同，对消毒剂的敏感性也不同，同一种类细菌的繁殖体比其芽孢对消毒剂的抵抗力弱得多，生长期的细菌比静止期的细菌对消毒剂的抵抗力也低。

（2）考虑消毒对象：不同的消毒对象，对消毒剂有不同的要求。选择消毒剂时既要考虑对病原微生物的杀灭作用，又要考虑消毒剂对消毒对象的影响。不同的消毒对象选用不同的消毒药物。

（3）考虑消毒的时机：平时消毒，最好选用对大范围的细菌、病毒、霉菌等均有杀灭效果，而且是低毒、无刺激性和无腐蚀性，对畜禽无危害，产品中无残留的常用消毒剂。在发生特殊传染病时，可选用任何一种高效的非常用消毒剂，因为是在短期间内应急防疫的情况下使用，所以无须考虑其对消毒物品有何影响，而是把防疫灭病的需要放在第一位。

（4）考虑消毒剂的生产厂家：目前生产消毒剂的厂家和产品种类较多，产品的质量参差不齐，效果不一。所以，选择消毒剂时应注意消毒剂的生产厂家，选择生产规范、信誉度高的厂家的产品，同时要防止购买假冒伪劣产品。

（二）化学消毒剂的使用

1. 化学消毒剂的使用方法

（1）浸泡法：选用杀菌谱广、腐蚀性弱、水溶性消毒剂，将物品浸没于消毒剂内，在标准的浓度和时间内，达到消毒灭菌的目的。浸泡消毒时，消毒液连续使用过程中，消毒有效成分不断消耗，因此需要注意有效成分的浓度变化，应及时添加或更换消毒剂。当使用低效消毒剂浸泡时，需注意消毒剂被污染的问

题，避免疫源性的感染。

(2) 擦拭法：选用易溶于水、穿透性强的消毒剂，擦拭物品表面或动物体表皮肤、黏膜、伤口等处，在标准的浓度和时间内，达到消毒灭菌的目的。

(3) 喷洒法：将消毒剂均匀喷洒在被消毒物体上，如用5%来苏儿溶液喷洒消毒畜禽舍地面等。

(4) 喷雾法：将消毒剂以喷雾形式对物体表面、畜禽舍或动物体表进行消毒。

(5) 发泡（泡沫）法：此法是自体表喷雾消毒后开发的又一新的消毒方法。所谓发泡消毒，是把高浓度的消毒液用专用的发泡机制成泡沫，散布在畜禽舍内面及设施表面。该法主要用于水资源贫乏的地区，或为了避免消毒后的污水进入污水处理系统，破坏活性污泥的活性，一般用水量仅为常规消毒法的1/10。采用发泡消毒法对一些形状复杂的器具、设备进行消毒时，由于泡沫能较好地附着在消毒对象的表面，并延长消毒剂作用时间，故能得到较为一致的消毒效果。

(6) 洗刷法：用毛刷等蘸取消毒剂在消毒对象表面洗刷，如外科手术前，术者的手可以使用洗手刷在0.1%新洁尔灭溶液中洗刷消毒。

(7) 冲洗法：将配制好的消毒液冲入直肠等部位或冲洗物体表面进行消毒。这种方法会消耗大量的消毒液，一般较少使用。

(8) 熏蒸法：通过加热或加入氧化剂，使消毒剂呈气体或烟雾状态，在标准的浓度和时间里达到消毒灭菌目的。该法适用于畜禽舍内物品及空气消毒，以及精密贵重仪器和不能蒸、煮、浸泡消毒的物品的消毒。环氧乙烷、甲醛、过氧乙酸及含氯消毒剂均可通过此种方式用于消毒。熏蒸消毒时，环境湿度是影响消毒效果的重要因素。

（9）撒布法：将粉剂型消毒剂均匀地撒布在消毒对象表面，如含氯消毒剂可直接用药物粉剂进行消毒处理，通常用于地面消毒。消毒时，药物需要较高的湿度潮解才能发挥作用。

化学消毒剂的使用方法，应依据化学消毒剂的特点、消毒对象的性质及消毒现场的特点等因素合理选择。多数消毒剂既可以浸泡、擦拭消毒，也可以喷雾处理，应根据需要选用合适的消毒方法。如只在液体状态下才能发挥出较好消毒效果的消毒剂，一般采用液体喷洒、喷雾、浸泡、擦拭、洗刷、冲洗等方式。对空气或空间进行消毒时，可使用部分消毒剂进行熏蒸。同样消毒方法对不同性质的消毒对象，效果往往也不同。如消毒对象表面光滑，喷洒药液不易停留，应以冲洗、擦拭、洗刷消毒为宜；表面较粗糙，易使药液停留，可用喷洒、喷雾消毒。消毒还应考虑现场条件，在密闭性好的室内消毒时可用熏蒸消毒，密闭性差的则应用喷洒、喷雾、擦拭、洗刷的方法。

2. 化学消毒法的选择

（1）根据病原微生物选择：由于各种微生物对消毒因子的抵抗力不同，所以要有针对性地选择消毒方法。一般认为，微生物对消毒因子的抵抗力从低到高的顺序为亲脂病毒（乙肝病毒、流感病毒）、细菌繁殖体、真菌、亲水病毒（甲型肝炎病毒、脊髓灰质炎病毒）、分枝杆菌、细菌芽孢、朊病毒。对于一般细菌繁殖体、亲脂性病毒、螺旋体、支原体、衣原体和立克次体等，可用煮沸消毒等常规消毒方法，消毒剂选用低效消毒剂，如苯扎溴铵、氯己定等；对于结核杆菌、真菌等耐受力较强的微生物，可选择中效消毒剂与热力消毒方法；对于污染抗力很强的细菌芽孢需采用热力、辐射的方法及高效消毒剂，如过氧化物类、醛类与环氧乙烷等。另外，真菌孢子对紫外线抵抗力强，季铵盐类对肠道病毒无效。

（2）根据消毒对象选择：同样的消毒方法，对不同性质的

物品消毒效果往往不同。例如，物体表面可擦拭、喷雾，而触及不到的表面可用熏蒸，小物体还可以浸泡。在消毒时，还要注意保护被消毒物品，使其不受损害。如皮毛制品不耐高温，对于食物、餐具、茶具和饮用水等不能使用有毒或有异味的消毒剂消毒等。

（3）根据消毒现场选择：消毒的环境往往是复杂的，对消毒方法的选择及效果的影响也是多样的。如畜禽舍消毒，密闭性相对较好的，可以选用熏蒸消毒；密闭性差的最好用液体消毒剂处理。物品表面消毒时，耐腐蚀的物品用喷洒的方法好，怕腐蚀的物品要用无腐蚀或低腐蚀的化学消毒剂擦拭消毒。对垂直墙面消毒，光滑表面药物不易停留，使用冲洗或药物擦拭方法效果较好；粗糙表面较易濡湿，以喷雾处理较好。对室内空气消毒时，通风条件好的可以利用自然换气法；若通风不好，污染空气长期滞留在建筑物内的，可以使用药物熏蒸或气溶胶喷洒等方法处理。又如空气的紫外线消毒，当室内有人时只能用反向照射法（向上方照射），以免对人和畜禽造成伤害。

用普通喷雾器喷雾时，地面喷雾量为200～300 mL/m^2，其他消毒剂溶液喷洒至表面湿润，要湿而不流，一般来说用量为50～200 mL/m^2。应按照先上后下、先左后右的方法，依次进行消毒。超低容量喷雾只适用于室内，喷雾时，应关好门窗，消毒剂溶液要均匀覆盖在物品表面上。喷雾结束30～60分钟后，打开门窗，散去空气中残留的消毒剂。

喷洒有刺激性或腐蚀性的消毒剂时，消毒人员应戴防护口罩和防护镜。所用清洁消毒工具（抹布、拖把、容器）每次用后用清水冲洗，悬挂晾干备用，有污染时用250～500 mg/L有效氯消毒液浸泡30分钟，用清水清洗干净，晾干备用。

（4）根据安全性选择：选用消毒方法应考虑安全性，例如，在人群集中的地方，不宜使用具有毒性和刺激性的气体消毒剂，在近火源（50 m 以内）的场所，不能使用大量环氧乙烷气体消毒。

（5）根据卫生防疫要求选择：在发生传染病的重点地区，要根据卫生防疫要求，选择合适的消毒方法，加大消毒剂量和消毒频次，以提高消毒质量和效率。

（6）根据消毒剂的特性选择：应用化学消毒剂，应严格注意药物性质、配制浓度，消毒剂量和配制比例应准确，应随配随用，防止过期。应按规定保证足够的消毒时间，注意温度、湿度、pH 值等，特别是有机物及被消毒物品性质和种类对消毒效果的影响。

3. 化学消毒剂使用注意事项

使用化学消毒剂前应认真阅读说明书，明确消毒剂的有效成分及含量，看清标签上的标示浓度及稀释倍数。消毒剂均以含有效成分的量表示，如含氯消毒剂以有效氯含量表示，60%二氯异氰尿酸钠为原粉中含 60%有效氯，20%过氧乙酸指原液中含 20%的过氧乙酸，5%新洁尔灭指原液中含 5%的新洁尔灭。这类消毒剂稀释时不能将其当成 100%计算使用浓度，而应按其实际含量计算。使用量以稀释倍数表示时，表示 1 份的消毒剂以若干份水稀释而成，如配制稀释倍数为 1 000 倍时，即在 1 L 水中加 1 mL 消毒剂。

使用量以“%”表示时，消毒剂浓度稀释配制计算公式为：$c_1V_1=c_2V_2$（c_1 为稀释前溶液浓度，c_2 为稀释后溶液浓度，V_1 为稀释前溶液体积，V_2 为稀释后溶液体积）。

根据消毒对象的不同，选择合适的消毒剂和消毒方法，联合或交替使用，以使各种消毒剂的作用优势互补，做到全面彻底地消灭病原微生物。

不同消毒剂的毒性、腐蚀性及刺激性均不同，如含氯消毒剂、过氧乙酸、二氧化氯等，对金属制品有较大的腐蚀性，对织

物有漂白作用，应慎重使用。如果使用，应在消毒后用水漂洗或用清水擦拭，以减轻对物品的损坏。预防性消毒时，应使用推荐剂量的低限。盲目、过度使用消毒剂，不仅造成浪费或损坏物品，也大量地杀死许多有益微生物，而且残留在环境中的化学物质越来越多，成为新的污染源，对环境造成严重后果。

大多数消毒剂有效期为1年，少数消毒剂不稳定，有效期仅为数月，如某些含氯消毒剂溶液。有些消毒剂原液比较稳定，但稀释成使用液后不稳定，如过氧乙酸、过氧化氢、二氧化氯等消毒液，稀释后不能放置时间过长。有些消毒液只能现生产现用，不能储存，如臭氧水、酸性氧化电位水等。

配制和使用消毒剂时应注意个人防护，注意安全，必要时应戴防护眼镜、口罩和手套等。消毒剂仅用于物体及外环境的消毒处理，切忌内服。

多数消毒剂在常温下应于阴凉处避光保存。部分消毒剂易燃易爆，保存时应远离火源，如环氧乙烷和醇类消毒剂等。千万不要用盛放食品、饮料的空瓶灌装消毒液，如使用必须撤去原来的标签，贴上一张醒目的消毒剂标签。消毒液应放在儿童拿不到的地方，不要将消毒液放在厨房或与食物混放。万一误用消毒剂，应立即采取急救措施。

4. 化学消毒剂误用或中毒后的紧急处理

大量吸入化学消毒剂时，要迅速从有害环境中撤到空气清新处，更换被污染的衣物，对于手和其他暴露皮肤进行清洗，如大量接触或有明显不适时，要尽快就近就诊；皮肤接触高浓度消毒剂后，要及时用大量流动清水冲洗，再用淡肥皂水清洗，如皮肤仍有持续疼痛或刺激症状，要在冲洗后就近就诊；化学消毒剂溅入眼睛后立即用流动清水持续冲洗不少于15分钟，如仍有严重的眼花、局部疼痛、畏光、流泪等症状，要尽快就近就诊；误服化学消毒剂中毒时，成年人要立即口服牛奶200 mL，也可服用生蛋清3~5个，一般还要催吐、洗胃。含碘消毒剂中毒可立即服用大量米汤、淀粉浆等。出现严重胃肠道症状者，应立即就近就诊。

三、常用化学消毒剂

20世纪50年代以来，世界上出现了许多新型化学消毒剂，逐渐取代了一些古老的消毒剂。碘释放剂、氯释放剂、长链季铵、双长链季铵、戊二醛、二氧化氯等都是20世纪50~70年代逐渐发展起来的。进入20世纪90年代，消毒剂在类型上没有重大突破，但组配复方制剂增多。国际市场上消毒剂商品名目繁多。美国人医与兽医用的消毒剂品名达1 400多种，但其中92%是由14种成分配制而成。我国消毒剂市场发展也很快，消毒剂的商品名已达50~60种，但按成分分类只有7~8种。

（一）醛类消毒剂

醛类消毒剂是使用最早的一类化学消毒剂，这类消毒剂抗菌谱广、杀菌作用强，具有杀灭细菌、芽孢、真菌和病毒的作用，性能稳定、容易保存和运输、腐蚀性小，而且价格便宜，可广泛应用于畜禽舍的环境、用具、设备的消毒，尤其对疫源地芽孢的消毒。近年来，利用醛类与其他消毒剂的协同作用，研制出了以醛类为主要成分的复方消毒剂，减低或消除了醛类消毒剂的刺激性，提高了醛类消毒剂的消毒效果和稳定性，如长效清（主要成分为甲醛和三羟甲基硝基甲烷）便是一种复方甲醛制剂，对各类病原体有快速杀灭作用，消毒池内可持续效力达7天以上。

1. 甲醛

甲醛又称蚁醛，有刺激性，特臭，久置发生浑浊，易溶于水和醇，水中有较好的稳定性。37%~40%的甲醛溶液称为福尔马林。甲醛制剂主要有福尔马林（37%~40%甲醛）和多聚甲醛（91%~94%甲醛）。甲醛适用于环境、笼舍、用具、器械、污染

物品等的消毒；常用的方法为喷洒、浸泡、熏蒸。一般以2%的福尔马林消毒器械，浸泡1~2小时。5%~10%福尔马林溶液喷洒畜禽舍环境或每立方米空间用福尔马林25 mL、水12.5 mL，加热（或加等量高锰酸钾）熏蒸12~24小时后开窗通风。福尔马林对眼睛和呼吸道有刺激作用，消毒时穿戴防护用具（口罩、手套、防护服、护目镜等），熏蒸时人员、动物不可停留于消毒空间。

2. 戊二醛

戊二醛为无色挥发性液体，其主要产品有碱性戊二醛、酸性戊二醛和强化中性戊二醛，杀菌性能优于甲醛2~3倍，高效、广谱，可快速杀灭细菌繁殖体、细菌芽孢、真菌、病毒等微生物。戊二醛适用于器械、污染物品、环境、粪便、圈舍、用具等的消毒，消毒时可采取浸泡、冲洗、清洗、喷洒等方法。2%的碱性水溶液用于消毒诊疗器械，熏蒸用于消毒物体表面。2%的碱性水溶液杀灭细菌繁殖体及真菌需10~20分钟，杀灭芽孢需4~12小时，杀灭病毒需10分钟。使用戊二醛消毒灭菌后的物品应用清水及时去除残留物质，消毒时保证足够的浓度（不低于2%）和作用时间，灭菌处理前后的物品应保持干燥。本品对皮肤、黏膜有刺激作用，亦有致敏作用，应注意操作人员的保护；注意防腐蚀；可以带动物使用，但空气中最高允许浓度为0.05 mg/kg。戊二醛在pH值小于5时最稳定，在pH值为7~8.5时杀菌作用最强，可杀灭金黄色葡萄球菌、大肠杆菌、肺炎球菌和真菌，作用时间只需1~2分钟。兽医诊疗中不能加热消毒的诊疗器械均可采用戊二醛消毒（浓度为0.125%~2.0%）。本品对环境易造成污染，英国现已停止使用。

（二）卤素及含卤化合物类消毒剂

该类消毒剂主要有含氯消毒剂（包括次氯酸盐，各种有机氯消毒剂）、含碘消毒剂（包括碘酊、碘仿及各种不同载体的碘附）和海因类卤化衍生物消毒剂。

1. 含氯消毒剂

含氯消毒剂是指在水中能产生具有杀菌作用的活性次氯酸的一类消毒剂，包括传统使用的无机含氯消毒剂，如次氯酸钠（10%~12%）、漂白粉（25%）、粉精（次氯酸钙为主，80%~85%）、氯化磷酸三钠（3%~5%）等，以及有机含氯消毒剂如二氯异氰尿酸钠（60%~64%）、三氯异氰尿酸（87%~90%）、氯铵T（24%）等。含氯消毒剂品种达数十种。

由于无机氯制剂的性质不稳定、难储存、强腐蚀等缺点，近年来国内外研究开发出性质稳定、易储存、低毒、含有效氯达60%~90%的有机氯，如二氯异氰尿酸钠、三氯异氰尿酸、三氯异氰尿酸钠、氯异氰尿酸钠是世界卫生组织公认的消毒剂。随着畜牧养殖业的飞速发展，以二氯异氰尿酸钠为原料制成的多种类型的消毒剂已得到了广泛地开发和利用。国内同类产品有优氯净、百毒克、威岛牌消毒剂、菌毒净、得克斯消毒片、氯杀宁、消毒王、宝力消毒剂、万毒灵、强力消毒灵等，有效氯含量有40%、20%及10%等多种规格。

含氯消毒剂的优点是广谱、高效、价格低廉、使用方便，对细菌、芽孢和多种病毒均有较好的灭菌能力，其杀菌效果取决于有效氯的含量，含量越高，杀菌力越强。含氯消毒剂在低浓度时即可有效杀灭牛结核分枝杆菌、肠杆菌、肠球菌、金黄色葡萄球菌。含氯复合制剂对各种病毒，如口蹄疫病毒、猪传染性水疱病病毒、猪轮状病毒、猪传染性胃肠炎病毒、鸡新城疫病毒和鸡法氏囊病病毒等，具有较强的杀灭作用。缺点是在养殖场应用时受有机质、还原物质和pH值的影响大，在pH值为4时，杀菌作用最强；pH值8.0以上，可失去杀菌活性。受日光照射易分解，温度每升高10℃，杀菌时间可缩短50%~60%。含氯消毒剂的广泛使用也带来了环境保护问题，有研究表明有机氯有致癌作用。

（1）漂白粉：又称含氯石灰、氯化石灰。白色颗粒状粉末，主要成分是次氯酸钙，含有效氯 25%~32%，在一般保存过程中，有效氯每月可减少 1%~3%。杀菌谱广，作用强，对细菌、芽孢、病毒等均有效，但不持久。漂白粉干粉可用于地面和人、畜禽排泄物的消毒，其水溶液用于厩舍、栏圈、料槽、车辆、饮用水、污水等消毒。饮用水消毒用 0.03%~0.15%浓度喷洒、喷雾用 5%~10%乳液，也可以用干粉撒布。用漂白粉配制水溶液时应先加少量水，调成糊状，然后边加水边搅拌配成所需浓度的乳液使用，或静置沉淀，取澄清液使用。漂白粉应保存在密闭容器内，放在阴凉、干燥、通风处。漂白粉对织物有漂白作用，对金属制品有腐蚀性，对组织有刺激性，操作时应做好防护。

漂粉精，又名高效漂白粉，主要成分是次氯酸钙，根据生产工艺的不同，还含有氯化钙或氯化钠及氢氧化钙等成分，其有效氯含量大于 60%。使用方法、范围与漂白粉相同。

（2）次氯酸钠：本品为无色至浅黄绿色液体，存在铁时呈红色，含有效氯 10%~12%，为高效、快速、广谱消毒剂，可有效杀灭各种微生物，包括细菌、芽孢、病毒、真菌等。饮用水的消毒，每立方米水加药 30~50 mg，作用 30 分钟；环境消毒，每立方米水加药 20~50 g 搅匀后喷洒、喷雾或冲洗；食槽、用具等的消毒，每立方米水加药 10~15 g 搅匀后刷洗并作用 30 分钟。本品对皮肤、黏膜有较强的刺激作用。水溶液不稳定，遇光和热都会加速分解，闭光密封保存有利于其稳定性。

（3）氯胺 T：本品化学名称为对甲基苯磺酰氯胺钠。荷兰英特威公司在我国注册的这种消毒剂，商品名为海氯（halamid）。本品作用温和持久，对组织刺激性和受有机物影响小。0.5%~1%溶液，用于食槽、器皿消毒；3%溶液，用于排泄物与分泌物消毒；0.1%~0.2%溶液用于黏膜冲洗；1%~2%溶液，用于创伤消毒；饮用水消毒，每立方米用 2~4 mg。与等量铵盐合用，可

显著增强消毒作用。

（4）二氯异氰尿酸钠：又称优氯净，商品名为抗毒威。白色晶体，性质稳定，含有效氯60%~64%，本品广谱、高效、低毒、无污染、储存稳定、易于运输、水溶性好、使用方便、使用范围广，为氯化异氰脲酸类产品的主导品种。20世纪90年代以来，二氯异氰尿酸钠在剂型和用途方面已出现了多样化，由单一的水溶性粉剂，发展为烟熏剂、溶液剂、烟水两用剂（得克斯消毒散）。烟碱、强力烟熏王等就是综合了国内现有烟雾消毒剂的特点，发挥其烟雾量大，扩散渗透力强的优势，从而达到杀菌快速、全面的效果。二氯异氰尿酸钠能有效地快速杀灭各种细菌、真菌、芽孢、霉菌、霍乱弧菌，用于养殖业各种用具的消毒，乳制品业的用具消毒及乳牛的乳头浸泡，防止链球菌或葡萄球菌感染的乳腺炎；用于兽医诊疗场所、用具、垃圾和空间消毒，化验器皿、器具的无菌处理和物体表面消毒。饮用水消毒，每立方米水用药10 mg；环境消毒，每立方米水加药1~2 g搅匀后，喷洒或喷雾地面、厩舍；粪便、排泄物、污物等消毒，每立方米水加药5~10 g搅匀后浸泡30~60分钟；食槽、用具等消毒，每立方米水加药2~3 g搅匀后刷洗作用30分钟；非腐蚀性兽医用品消毒，每立方米水加药2~4 g搅匀后浸泡15~30分钟。本品可带畜禽喷雾消毒；水溶液不稳定，有较强的刺激性，对金属有腐蚀性，对纺织品有损坏作用。

（5）三氯异氰尿酸：本品为白色结晶粉末，微溶于水，易溶于丙酮和碱溶液，含有效氯89.7%，是一种高效、安全的消毒杀菌漂白剂，其效率高于一般的氯化剂，特别适合于水的消毒杀菌。本品水中溶解后，水解为次氯酸和氰尿酸，无二次污染，用于饮用水的消毒杀菌处理及畜牧、水产、传染病疫源地的消毒杀菌。

2. 含碘消毒剂

含碘消毒剂包括碘及碘为主要杀菌成分制成的各种制剂，常

用的有碘、碘酊、碘甘油、碘附等，常用于皮肤、黏膜消毒和手术器械的灭菌。

（1）碘酒：又称碘酊，是一种温和的碘消毒剂溶液，兽医上一般配成5%（W/V），常用于免疫、注射部位、外科手术部位皮肤，以及各种创伤或感染的皮肤或黏膜消毒。

碘甘油含有效碘1%，常用于鼻腔黏膜、口腔黏膜、幼畜的皮肤消毒、母畜的乳房皮肤消毒和清洗脓腔。

（2）碘附：由于碘水溶性差，易升华、分解，对皮肤黏膜有刺激性和较强的腐蚀性等缺点，限制了其在畜牧兽医上的广泛应用。因此，20世纪70~80年代国外发展了一种碘释放剂，我国称碘附，即将碘附载在表面活性剂（非离子、阳离子及阴离子）、聚合物如聚乙烯吡咯烷酮（PVP）、天然物（淀物、糊精、纤维素）等载体上，其中以非离子表面活性剂最好。1988年瑞士汽巴-嘉基公司进入我国市场的雅好生（IOSAN）就是以非离子表面活性剂为载体的碘附。目前，国内已有多个厂家生产同类产品，如爱迪伏、碘福、爱好生、威力碘、碘伏、爱得福、消毒劲、强力碘及美国进入大陆市场的百毒消等。百毒消具有获世界专利的独特配方，有零缺点消毒剂的美称，多年来一直是全球畜牧行业首选的消毒剂。南京大学化学系研制成功了固体碘伏即PVPI，商品名为安得福、安多福。碘附高效、快速、低毒、广谱，兼有清洁剂的作用，对各种细菌繁殖体、芽孢、病毒、真菌、结核分枝杆菌、螺旋体、衣原体及滴虫等有较强的杀灭作用。

兽医的临床应用：饮用水消毒，每立方米水加5%碘附0.2 g，即可饮用；黏膜消毒，用0.2%碘附溶液直接冲洗；清创处理，用浓度0.3%~0.5%碘附溶液直接冲洗创口，清洗伤口分泌物、腐败组织。

碘附要求在pH值2~5范围内使用，如pH值为2以下则对金属有腐蚀作用；其灭菌浓度10 mL/L（1分钟），常规消毒浓度

15~75 mg/L。碘附易受碱性物质及还原性物质影响，日光也能加速碘的分解，因此环境消毒受到限制。

3. 海因类卤化衍生物消毒剂

近年来，在寻找新型消毒剂时人们发现，二甲基海因（5，5-二甲基乙内酰脲，DMH）的卤化衍生物均有很好的杀菌作用，对病毒、藻类和真菌也有杀灭作用。常用的有二氯海因、二溴海因、溴氯海因等，其中以二溴海因效果最好。本类消毒剂应贮存在阴凉、干燥的环境中，严禁与有毒、有害物品混放，以免被污染。

（1）二溴海因（DBDMH）：本品为白色或淡黄色结晶性粉末，微溶于水，溶于氯仿、乙醇等有机溶剂，在强酸或强碱中易分解，干燥时稳定，有轻微的刺激气味。本品是一种高效、安全、广谱杀菌消毒剂，具有强烈杀灭细菌、病毒和芽孢的效果，且具有杀灭水体不良藻类的功效。本品可广泛用于畜禽养殖场所及用具、水产养殖业、饮用水、水体消毒。一般消毒，250~500 mg/L，作用10~30分钟；特殊污染消毒，500~1 000 mg/L，作用20~30分钟；诊疗器械消毒，1 000 mg/L，作用1小时；饮用水消毒，根据水质情况，加溴量2~10 mg/L；用具消毒，1 000 mg/L，喷雾或超声雾化10分钟，作用15分钟。

（2）二氯海因（DCDMH）：本品为白色结晶粉末，微溶于水，溶于多种有机溶剂与油类，在水中加热易分解，工业品有效氯含量70%以上，氯气味比三氯异氰尿酸或二氯异氰尿酸钠小得多，其消毒最佳 pH 值为5~7，消毒后残留物可在短时间内生物降解，对环境无任何污染。本品主要作为杀菌、灭藻剂，可有效杀灭各种细菌、真菌、病毒、藻类等，可广泛用于水产养殖、水体、器具、环境、工作服及动物体表的消毒杀菌。

（3）溴氯海因（BCDMH）：本品为淡琥珀色结晶性粉末，可进一步加工成片剂，气味小，微溶于水，稍溶于某些有机溶

剂，干燥时稳定，吸潮时易分解。本品主要用作水处理剂、消毒杀菌剂等，具有高效、广谱、安全、稳定的特点，能强烈杀灭真菌、细菌、病毒和藻类。本品在水产养殖中也有广泛的运用，能改善水质，使水中氨、氮下降，溶解氧上升，维护浮游生物优良种群，且残留物短期内可生物降解完全，无任何环境污染。使用本品时不受水体 pH 值和水质肥瘦影响，且具有缓释性，有效性持续时间长。

（三）氧化剂类消毒剂

此类消毒剂具有强氧化能力，各种微生物对其十分敏感，可将所有微生物杀灭，是一类广谱、高效的消毒剂，特别适合饮用水消毒，主要有过氧乙酸、过氧化氢、臭氧、二氧化氯、高锰酸钾等。此类消毒剂消毒后在物品上不留残余毒性；由于化学性质不稳定，须现用现配；氧化能力强，高浓度时可刺激、损害皮肤黏膜，腐蚀物品。

1. 过氧乙酸

过氧乙酸是一种无色或淡黄色的透明液体，易挥发、分解，有很强的刺激性醋酸味，易溶于水和有机溶剂。市售有一元包装和二元包装两种规格。一元包装可直接使用；二元包装，是指由 A、B 两个组分分别包装的过氧乙酸消毒剂，A 液为处理过的冰醋酸，B 液为一定浓度的过氧化氢溶液。临用前一天，将 A 和 B 按 A：B=10：8（W/W）或 12：10（V/V）混合后摇匀，第二天过氧乙酸的含量高达 18%～20%。若温度在 30 ℃左右混合后 6 小时浓度可达 20%，使用时按要求稀释，用于浸泡、喷雾、熏蒸消毒。配制液应在常温下 2 天内用完，4 ℃下使用不得超过 10 天。过氧乙酸常用于被污染物品或皮肤消毒，用 0.2%～0.5%过氧乙酸溶液，喷洒或擦拭表面，保持湿润，消毒 30 分钟后，用清水擦净；0.1%～0.5%的溶液可用于消毒蛋外壳。手、皮肤消毒，用 0.2%过氧乙酸溶液擦拭或浸洗 1～2 分钟；在无动物环境中可用于空气消毒，用 0.5%过氧乙酸溶液，每立方米 20 mL，气溶胶喷雾，密闭消毒 30 分钟；或用 15%过氧乙酸溶液，每立方米 7 mL，置瓷或玻璃器皿内，加入等量的水，加热蒸发，密闭熏蒸（室内相对湿度在 60%~80%），2 小时后开窗通风。车、船等运输工具内外表面和空间，可用 0.5%过氧乙酸溶液喷洒至表面湿润，作用 15~30 分钟。本品温度越高杀菌力越强，但温度降至-20 ℃时仍有明显杀菌作用。过氧乙酸稀释后不能放置时间过长，须现用现配，因其有强腐蚀性，较大的刺激性，配制、使用时应戴防酸手套、防护镜，严禁用金属制容器盛装。成品消毒剂须避光 4 ℃保存，容器不能装满，严禁暴晒。在搬运、移动时，应注意小心轻放，不要拖拉、摔碰、摩擦、撞击。

2. 过氧化氢

过氧化氢又称双氧水，为强腐蚀性、微酸性、无色透明液体，深层时略带淡蓝色，能与水以任何比例混合，具有漂白作用，可快速灭活多种微生物，如致病性细菌、细菌芽孢、酵母、真菌孢子、病毒等，并分解成无害的水和氧。气雾用于空气、物体表面消毒，溶液用于饮用水器、饲槽、用具、手等消毒。畜禽舍空气消毒时使用 1.5%~3%过氧化氢喷雾，每立方米 20 mL，作用 30~60 分钟，消毒后进行通风。10%过氧化氢可杀灭芽孢。本品温度越高杀菌力越强；空气的相对湿度在 20%~80%时，湿度越大，杀菌力越强，相对湿度低于 20%时杀菌力较差；浓度越高杀菌力越强。过氧化氢有强腐蚀性，避免用金属制容器盛装；配制、使用时应戴防护手套、防护镜，须现用现配；成品消毒剂避光保存，严禁暴晒。

3. 臭氧

臭氧是一种强氧化剂，具有广谱杀灭微生物的作用，溶于水时杀菌作用更为明显，能有效地杀灭细菌、病毒、芽孢、包囊、真菌孢子等，对原虫及其卵囊也有很好的杀灭作用，还兼有除

臭、增加畜禽舍内氧气含量的作用，用于空气、水体、用具等的消毒。饮用水消毒时，臭氧浓度为0.5~1.5 mg/L，水中余臭氧量0.1~0.5 mg/L，维持5~10分钟可达到消毒要求，在水质较差时用3~6 mg/L。国外报告，臭氧对病毒的灭活程度与臭氧浓度高低相关，而与接触时间关系不大。随温度的升高，臭氧的杀菌作用加强，但与其他消毒剂相比，臭氧的消毒效果受温度影响较小。臭氧在人医上已广泛使用，但在兽医上则是一种新型的消毒剂。在常温和空气相对湿度82%的条件下，臭氧对在空气中的自然菌的杀灭率为96.77%，对物体表面的大肠杆菌、金黄色葡萄球菌等的杀灭率为99.97%。臭氧的稳定性差，有一定腐蚀性，受有机物影响较大，但使用方便、刺激性低、作用快速、无残留污染。

4. 二氧化氯

二氧化氯在常温下为黄绿色气体或红色爆炸性结晶，具有强烈的刺激性，对温度、压力和光均较敏感。20世纪70年代末期，由美国Bio-Cide国际有限公司找到一种方法将二氧化氯制成水溶液，这种二氧化氯水溶液就是百合兴，被称为稳定性二氧化氯。该消毒剂为无色、无味、无臭、无腐蚀作用的透明液体，是目前国际上公认的高效、广谱、快速、安全、无残留、不污染环境的第四代灭菌消毒剂。美国环境保护部门在20世纪70年代进行过反复检测，证明其杀菌效果比一般含氯消毒剂高2.5倍，而且在杀菌消毒过程中不会使蛋白质变性，对人、畜禽、水产品无害，无致癌、致畸、致突变性，是一种安全可靠的消毒剂。美国食品药品管理局和美国环境保护署批准广泛应用于工农业生产、畜禽养殖、动物、宠物的卫生防疫中。目前，发达国家已将二氧化氯应用到几乎所有需要杀菌消毒的领域，被世界卫生组织列为A1级高效安全灭菌消毒剂，是世界粮农组织推荐使用的优质环保型消毒剂，正在逐步取代醛类、酚类、氯制剂类、季铵盐类，为一种高效消毒剂。国外20世纪80年代在畜牧业上推广使用，国内已有此类产品生产、出售，如氧氯灵、超氯（菌毒王）等。

本品适用于畜禽活动场所的环境、场地、栏舍、饮用水及饲喂用具等方面的消毒，能杀灭各种细菌、病毒、真菌等微生物及藻类、原虫，目前尚未发现能够抵抗其氧化性而不被杀灭的微生物。本品兼有去污、除腥、除臭的功能，是养殖行业理想的灭菌消毒剂，现已较多地用于牛奶场、家禽养殖场的消毒。本品用于环境、空气、场地、笼具喷洒消毒，浓度为200 mg/L；禽畜饮用水消毒，0.5 mg/L；饲料防霉，每吨饲料用浓度100 mg/L的消毒液100 mL，喷雾；笼具、动物体表、种蛋消毒，200 mg/L，喷雾至种蛋微湿；牲畜产房消毒，500 mg/L，喷雾至垫草微湿；预防各种细菌、病毒传染，500 mg/L，喷洒；烈性传染病及疫源地消毒，1 000 mg/L，喷洒。

5. 酸性氧化电位水

本品是由日本于20世纪80年代中后期发明的高氧化还原电位（+1 100 mV）、低pH值（2.3~2.7）、含少量次氯酸（溶解氯浓度20~50 mg/L）的一种新型消毒水。我国在20世纪90年代中期引进了酸性氧化电位水，我国第一台酸性氧化电位水发生器已由清华紫光研制成功。酸性氧化电位水最先应用于医药领域，后来逐步扩展到食品加工、农业、餐饮、旅游、家庭等领域。酸性氧化电位水杀菌谱广，可杀灭一切病原微生物（细菌、芽孢、病毒、真菌、螺旋体等）；作用速度快，数十秒钟完全灭活细菌，使病毒完全失去抗原性；使用方便，取之即用，无须配制；无色、无味、无刺激；无毒、无害、无任何毒副作用，对环境无污染；价格低廉；对易氧化金属（铜、铝、铁等）有一定腐蚀性，对不锈钢和碳钢无腐蚀性，因此浸泡器械时间不宜过长；在一定程度上受有机物的影响，因此，清洗创面时应大量冲洗或直接浸泡，消毒时最好事先将被消毒物用清水洗干净；稳定

性较差，遇光和空气及有机物可还原成普通水（室温开放保存4天；室温密闭保存30天；冷藏密闭保存可达90天），最好近期配制使用；贮存时最好选用不透明、非金属容器；应密闭、遮光保存，40 ℃以下使用。

6. 高锰酸钾

本品为强氧化剂，可有效杀灭细菌繁殖体、真菌、细菌芽孢和部分病毒。用于皮肤黏膜消毒，100～200 mg/L；物体表面消毒，1 000～2 000 mg/L；饲料饮用水消毒，50～100 mg/L；冲洗脓腔等的消毒，50 mg/L；浸洗种蛋和环境消毒，5 000 mg/L。

（四）烷基化气体消毒剂

该类消毒剂是一类主要通过对微生物的蛋白质、DNA和RNA的烷基化作用而将微生物灭活的消毒灭菌剂，可杀灭各种微生物，包括细菌繁殖体、芽孢、分枝杆菌、真菌和病毒等。该类消毒剂杀菌力强，对物品无损害，主要包括环氧乙烷、乙型丙内酯、环氧丙烷、溴化甲烷等，其中环氧乙烷应用比较广泛，其他在兽医消毒上应用不多。

环氧乙烷在常温常压下为无色气体，具有芳香的醚味，当温度低于10.8 ℃时，气体液化。环氧乙烷液体无色透明，极易溶于水，遇水产生有毒的乙二醇。环氧乙烷可杀灭所有微生物，而且细菌繁殖体和芽孢对环氧乙烷的敏感性差异很小，穿透力强，对大多数物品无损害，属于高效消毒剂。本品常用于皮毛、塑料、医疗器械、用具、包装材料、畜禽舍、仓库等的消毒或灭菌，而且对大多数物品无损害。杀灭细菌繁殖体，每立方米空间用300～400 g，作用8小时；杀灭污染霉菌，每立方米空间用700～950 g，作用8～16小时；杀灭细菌芽孢，每立方米空间用800～1 700 g，作用16～24小时。环氧乙烷气体消毒时，最适宜的相对湿度是30%～50%，温度以40～54 ℃为宜，不应低于18 ℃，消毒时间越长，消毒效果越好，一般为8～24小时。

消毒过程中注意防火防爆，防止消毒袋、消毒柜泄漏，控制温、湿度，不用于饮用水和食品消毒。工作人员发生头晕、头痛、呕吐、腹泻、呼吸困难等中毒症状时，应立即移离现场，脱去污染衣物，注意休息、保暖，加强监护。如环氧乙烷液体沾染皮肤，应立即用大量清水或3%硼酸溶液反复冲洗。皮肤症状较重或不缓解，应去医院就诊。眼睛被污染者，用清水冲洗15分钟后点四环素可的松眼膏。

（五）酚类消毒剂

酚类消毒剂为一种最古老的消毒剂，19世纪末出现的商品名为来苏儿的消毒剂，就是酚类消毒剂。目前国内兽医消毒用酚类消毒剂的代表品种是20世纪80年代从英国引进的复合酚类消毒剂——农福，国内也出现了许多类似产品，如菌毒敌、农富复合酚、菌毒净、菌毒灭、畜禽安等。该类消毒剂主要成分是从煤焦油中高温分离出的焦油酸，焦油酸中含的酚是混合酚类，所以又称复合酚，其中的有效成分是烷基酚。由广东省农业科学院兽医研究所研制的消毒灵是国内第一个符合农福标准的复合酚消毒药。这类消毒剂适用于畜禽舍环境消毒，对各种细菌灭菌力强，对带膜病毒具有灭活能力，但对结核分枝杆菌、芽孢、无囊膜病毒和霉菌杀灭效果不理想。酚类消毒剂受有机物影响小，适用于养殖环境消毒，且pH值越低，消毒效果越好，遇碱性物质则影响效力。由于酚类化合物有气味滞留，对人畜有毒，不宜在养殖期间消毒，对畜禽体表消毒也受到限制。另外，国外也研制出可专门用于杀灭鸡球虫的邻位苯基酚。

1. 石炭酸

石炭酸又称苯酸，为带有特殊气味的无色或淡红色针状、块状或三棱形结晶，可溶于水或乙醇，性质稳定，可长期保存，可有效杀灭细菌繁殖体、真菌和部分亲脂性病毒，可用于物体表面、环境和器械浸泡消毒，常用浓度为3%~5%。本品具有一定

毒性和不良气味，不可直接用于黏膜消毒，能使橡胶制品变脆变硬，对环境有一定污染。近年来，由于许多安全、低毒、高效的消毒剂问世，石炭酸这种古老的消毒剂已很少应用。

2. 甲酚皂溶液

本品又称来苏儿，为黄棕色至红棕色黏稠液体，一般为甲醛、植物油、氢氧化钠的皂化液，含甲酚50%，可溶于水及醇溶液，能有效杀灭细菌繁殖体、真菌和大部分病毒。1%~2%溶液用于手、皮肤消毒，作用3分钟，目前已较少使用；3%~5%溶液用于器械、用具、畜禽舍地面、墙壁消毒；5%~10%溶液用于环境、排泄物及实验室废弃细菌材料的消毒。本品对黏膜和皮肤有腐蚀作用，需稀释后应用。因本品杀菌能力相对较差，且对人畜有毒，有气味滞留，有被其他消毒剂取代的趋势。

3. 复合酚

本品是一种新型、广谱、高效、无腐蚀的酚类消毒剂，国内同类商品较多，主要用于环境消毒。常规预防消毒稀释配比为1∶300，病原污染的场地及运载车辆可用1∶100喷雾消毒。严禁与碱性药品或其他消毒液混合使用，以免降低消毒效果。

（六）季铵盐类消毒剂

季铵盐类消毒剂为阳离子表面活性剂，具有除臭、清洁和表面消毒的作用。季铵盐类消毒剂的发展已经历了五代。第一代是洁尔灭；第二代是在洁尔灭分子结构上加烷基或氯取代基；第三代为第一代与第二代混配制剂，如日本的Pacoma、韩国的Save等；第四代为苯氧基苄基铵，国外称Hyamine类；第五代是双长链二甲基铵。早期有百毒杀（主剂为溴化二甲基二癸基铵）、敌菌杀，国外商品有Deciquam222、Bromo-Sept50、以色列ABIC公司的Bromo-Sept百乐水等。后期又发展氯盐，即氯化二甲基二癸基铵，日本商品名为Astop（DDAC），欧洲商品名为Bardac。国内也已有数种同类产品，如畜禽安、铵福、K西安、瑞得士、

信得菌毒杀、1210消毒剂等。

季铵盐类消毒剂性能稳定，pH值在6~8时，受pH值变化影响小，碱性环境能提高药效，还有低腐蚀、低刺激性、低毒等特点，对有机质及硬水有一定抵抗力。早期季铵盐对病毒灭活力差，但是双长链季铵盐，除对各种细菌有效外，对马立克病毒、新城疫病毒、猪瘟病毒等均有良好的效果。季铵盐对芽孢及无囊膜病毒效力差。此类消毒剂的配伍禁忌多，使用范围受限制。季铵盐类消毒剂如果与其他消毒剂科学组成复方制剂，可弥补上述不足，形成一种既能杀灭细菌又能杀灭病毒的安全无刺激性的复方消毒制剂。目前，季铵盐类多复合戊二醛制成复合消毒剂，可克服季铵盐的不足，在兽医上有广泛的应用前景。

1. 苯扎溴铵

本品又称新洁尔灭或溴苄烷铵，为淡黄色胶状液体，具有芳香气味，极苦，易溶于水和乙醇，溶液无色透明，性质较稳定，价格低廉，市售产品的浓度为5%。0.05%~0.1%的水溶液用于手术前洗手消毒、皮肤和黏膜消毒，0.15%~2%水溶液用于畜禽舍空间喷雾消毒，0.1%用于种蛋消毒等。本品现配现用，确保容器清洁，不可用作器械消毒，不宜用于污染物品、排泄物的消毒。

2. 度米芬

度米芬又称消毒宁，为白色或微黄色的结晶片剂或粉剂，味微苦而带皂味，能溶于水或乙醇，性能稳定，其杀菌范围及用途与新洁尔灭相似。

3. 百毒杀

本品为双链季铵盐类消毒剂，双长链季铵盐代表性化合物主要有溴化二甲基二癸基铵（百毒杀）和氯化二甲基二癸基铵（1210消毒剂），毒性低，无刺激性，无不良气味，推荐使用剂量对人、畜禽绝对无毒，对用具无腐蚀性，消毒力可持续10~14

天。饮用水消毒，预防量按有效药量 10 000~20 000 倍稀释；疫病发生时可按 5 000~10 000 倍稀释。畜禽舍及环境、用具消毒，预防消毒按 3 000 倍稀释，疫病发生时按 1 000 倍稀释；鹅体喷雾消毒、种蛋消毒可按 3 000 倍稀释；孵化室及设备可按 2 000~3 000 倍稀释，喷雾消毒。

（七）醇类消毒剂

醇类消毒剂具有随着分子量的增加，杀菌作用增强的特点，但分子量过大水溶性降低，反而难以使用，实际生产中应用最广泛的是乙醇。

1. 乙醇

乙醇又称酒精，为无色透明液体，有较强的酒气味，在室温下易挥发、易燃，可快速、有效地杀灭多种微生物，如细菌繁殖体、真菌和多种病毒，但不能杀灭细胞芽孢。市售的医用乙醇浓度，按重量计算为 92.3%（W/W），按体积计算为 95%（V/V）。乙醇最佳使用浓度为 70%（W/W）或 75%（V/V）。配制 75%（V/V）乙醇方法：取一适当容量的量杯（筒），量取 95%（V/V）乙醇 75 mL，加蒸馏水至总体积为 95 mL，混匀即成；配制 70%（W/W）乙醇方法：取一容器，称取 92.3%（W/W）乙醇 70 g，加蒸馏水至总重量为 92.3 g，混匀即成。乙醇常用于皮肤消毒、物体表面消毒、皮肤消毒脱碘、诊疗器械和器材擦拭消毒。近年来，较多使用 70%（W/W）乙醇与氯己定、苯扎溴铵等复配的消毒剂，消毒效果有明显的增强。

2. 异丙醇

异丙醇为无色透明易挥发可燃性液体，具有类似乙醇与丙酮的混合气味，其杀菌效果和作用机制与乙醇类似，杀菌效力比乙醇强，但毒性比乙醇高，只能用于物体表面及环境消毒，可杀灭细菌繁殖体、真菌、分枝杆菌及灭活病毒，但不能杀灭细菌芽孢。消毒时常用 50%~70%（V/V）水溶液擦拭或浸泡 5~60 分钟。国外常将其与氯己定配伍使用。

（八）胍类消毒剂

此类消毒剂中，氯己定（洗必泰）已得到广泛的应用。近年来，国外又报道了一种新的胍类消毒剂，即盐酸聚六亚甲基胍消毒剂。

1. 氯己定

氯己定又称洗必泰，为白色结晶粉末，无臭但味苦，微溶于水和乙醇，溶液呈碱性，杀菌谱与季铵盐类相似，具有广谱抑菌作用，对细菌繁殖体、真菌有较强的杀灭作用，但不能杀灭细菌芽孢、结核分枝杆菌和病毒。氯己定性能稳定、无刺激性、腐蚀性低、使用方便，是一种用途较广的消毒剂。0.02%~0.05%水溶液用于饲养人员、手术前的洗手消毒，浸泡3分钟；0.05%水溶液用于冲洗创伤；0.01%~0.1%水溶液可用于阴道、膀胱等冲洗。氯己定（0.5%）在乙醇（70%）作用及碱性条件下可使其灭菌效力增强，可用于术部消毒，但有机质、肥皂、硬水等会降低其活性。配制好的溶液最好7天内用完。

2. 盐酸聚六亚甲基胍

本品为白色无定形粉末，无特殊气味，易溶于水，水溶液无色至淡黄色，对细菌和病毒有较强的杀灭作用，作用快速，稳定性好，无毒、无腐蚀性，可降解，对环境无污染。用于饮用水、水体消毒，除藻及皮肤黏膜和环境消毒，一般浓度为2 000~5 000 mg/L。

（九）其他化学消毒剂

1. 乳酸

乳酸是一种有机酸，为无色澄明或微黄色的黏性液体，能与水或醇任意混合。本品对伤寒杆菌、大肠杆菌、葡萄球菌及链球菌具有杀灭和抵制作用。黏膜消毒浓度为200 mg/L，空气熏蒸消毒为1 000 mg/L。

醋酸为无色透明液体，有强烈酸味，能与水或醇任意混合，其杀菌和抑菌作用与乳酸相同，但比乳酸弱，可用于空气消毒。

2. 氢氧化钠

氢氧化钠为碱性消毒剂的代表产品。浓度为1%时主要用于玻璃器皿的消毒，2%~5%时主要用于环境、污物、粪便等的消毒。本品具有较强的腐蚀性，消毒时应注意防护，消毒12小时后用水冲洗干净。

3. 生石灰

生石灰又称氧化钙，为白色块状或粉状物，加水后产热并形成氢氧化钙，呈强碱性。本品可杀死多种病原菌，但对芽孢无效，常用20%石灰乳溶液进行环境、圈舍、地面、垫料、粪便及污水沟等的消毒。生石灰应干燥保存，以免潮解失效。石灰乳应现用现配，最好当天用完。

第四节 消毒的原则与常用消毒方法

一、鹅场消毒的原则

（一）经常性的消毒

在养鹅场的入口处应设立消毒池。内贮消毒液，人员和车辆进出时必须通过消毒池对鞋底和车轮进行消毒；人员要在更衣室更换工作服、帽子和胶靴，用消毒水清洗和消毒双手，人体应在紫外线灯照射下消毒10分钟。鹅舍、用具和运动场必须每天打扫并清洗，把鹅粪和被污染的填料运出鹅场做堆肥。每周在清扫结束后用百毒杀或次氯酸钠消毒液对整个鹅场至少消毒1次。消毒液的浓度要严格按照说明书中的规定配制。

（二）突击性消毒

当有疫情发生时，除了要做好封锁、隔离和死鹅的无害化处理工作外，还要及时组织全场进行彻底的大扫除和消毒，尽可能地消灭病原微生物。百毒杀和次氯酸钠消毒剂在使用时对人和动物都很安全，可以用喷雾的方法带鹅消毒，一般可每天消毒1次，甚至连饮用水都应进行消毒。

（三）贯彻执行“全进全出”制

鹅场绝对不能把雏鹅、仔鹅和种鹅或其他禽类混养在一起，也就是说育雏室专门育雏，仔鹅培育室只养仔鹅，种鹅场专门养种鹅。这样在每批鹅饲养结束后，就能对养鹅场进行彻底的大扫除和消毒，并在鹅场无鹅只存在的情况下“冷棚”（空栏）2~3周，重新严格消毒后，再饲养下一批鹅。这种“全进全出”的制度能彻底消灭病原微生物，切断病原体的传染途径，有效地保证鹅群的健康成长。

二、鹅场常用的消毒方法

（一）物理消毒法

利用紫外线进行消毒，如将用具放在阳光下暴晒、进场人员用紫外线灯照射消毒；高温消毒，如使用火焰喷灯、煮沸及熏蒸等方法对鹅舍、设备、器具等进行消毒；焚烧是最彻底的消毒方法，可用于垫料、尸体、死胚蛋和蛋壳等的消毒；打扫、洗刷、通风等机械消毒方式可以把附着在鹅舍、用具和地面上的病原体清除掉，随后可以再对除掉的污物进行消毒。

（二）化学消毒法

通常将可杀灭病原微生物或使之失去危害性的化学药物统称为消毒剂，一般采用喷洒、浸泡等方法。使用消毒剂，首先需要选用对特定病原微生物敏感的消毒剂；其次要按规定的浓度使用（通常在一定浓度范围内，消毒效果和药物浓度成正比）。浓度

过低对病原体起不到杀灭作用，浓度过高则造成浪费，甚至抑制消毒效果。此外，使用消毒剂时要求温度在 20～40 ℃、作用时间在 30 分钟以上，才能杀灭病原体；同时还要尽量减少环境中有机物（如粪便等）的含量，因为有机物能与消毒剂结合而使之失效。

消毒药物应严格按照产品的说明来使用，不可随意加大用量，也不可频繁进行消毒。消毒药物大多为化学产品，有腐蚀性和刺激性，其挥发性物质会刺激、伤害鹅的器官，引发一系列疾病尤其是呼吸道疾病。过于频繁的消毒会使空气湿度过大，不利于鹅的健康生长。另外，还应注意不要长期使用单一的消毒药品，各种消毒药物、消毒方法交替使用，配合使用，消毒效果更佳。当多种消毒剂混合使用时要避免拮抗现象的出现，即避免多种药物互相作用而降低消毒效果（如酸性和碱性的消毒剂混合使用时，由于发生中和反应而使药效大为下降）。例如，氢氧化钠、生石灰等为碱性，而过氧乙酸为酸性，不能混合使用；含氯消毒剂不可与过氧乙酸等酸性消毒剂混用，二者混用会产生有毒的气体。

（三）生物消毒法

生物消毒法是利用某些厌氧微生物对鹅场废弃物中有机质分解发酵所产生的生物热，来达到杀灭病原微生物的目的，常用于粪便、垫料和尸体的处理。一般采用堆沤法，将粪便、垫料和尸体运到距鹅舍百米外的地方，在较坚实的地面上堆成一堆，外盖 10～20 cm 厚的土层，经 1～2 个月时间，堆中的病原微生物可被杀灭，而堆积物将成为良好的农家肥。地上堆肥还有台式、坑式之分，此外还有地面泥封堆肥、药品促沤堆肥等方法。

第五节 鹅场常规消毒关键技术

鹅舍、孵化室、育雏室，饮用水、饲料加工场地是禽舍消毒的主体，周围环境、路道、交通运输工具及工作人员等也是消毒的对象。

一、空鹅舍的消毒

任何规模和类型的养鹅场，空舍在下次启用之前，必须进行全面彻底的消毒，而且还要空置一定时间（15~30 天或更长时间）。在此期间经多种方法消毒后，方可正常启用。一般先进行机械清除，再进行化学法喷洒（撒），最后进行熏蒸消毒。

（一）机械清除法

首先对鹅舍内的垃圾、粪便、垫草和其他各种污物全部清除，运到指定堆放地点，进行生物热消毒处理，再用清水洗刷料槽、水槽、围栏、笼具、网床等设施，对空舍顶棚、墙壁彻底冲洗，最后彻底冲洗地面、走道、粪槽等。

（二）喷洒法

常用 2%的氢氧化钠溶液或 5%~20%的漂白粉等喷洒（撒）消毒。地面用药量 800~1 000 mL/m^2，舍内其他设施 200~400 mL/m^2。为了提高消毒效果，达到消毒目的，空舍消毒应使用 2 种或 3 种不同类型的消毒药进行 2~3 次消毒。必要时对耐火烧的物品还可使用火焰消毒。

（三）熏蒸消毒

常用 28 mL/m^3 福尔马林加热熏蒸，或每立方米按福尔马林 25 mL、水 12.5 mL、高锰酸钾 25 g 的比例混合，使之发生化学反应产生甲醛蒸气熏蒸。熏蒸结束后最好密闭 1~2 周左右。任

何一种熏蒸消毒完成后，在启用前都要通风换气，待对动物无刺激后方可启用。

二、载鹅舍的消毒

（一）机械清除法

鹅舍内每天都要打扫卫生，清除排泄物（粪尿），包括料槽、水槽和用具都要保持清洁，做到勤洗、勤换、勤消毒，尤其雏鹅的水槽、料槽每天都要清洗消毒一次。

（二）保持干燥

平时鹅舍要保证良好的通风换气，随时稀释空气中的病原。保证地面干燥，减少病原滋生。

（三）带鹅消毒

每周至少用0.015%百毒杀，或0.1%~0.2%次氯酸钠，或0.1%~0.2%过氧乙酸，对鹅舍的空气、笼具、墙壁和地面消毒1次。

三、鹅运动场地面、土坡的消毒

病鹅停留过的圈舍、运动场地面、土坡，应该立即清除粪便、垃圾和铲除表土，倒入沼气池进行发酵处理。没有沼气池的，粪便、垃圾、铲除的表土按1∶1的比例与漂白粉混合后深埋。处理后的地面还需喷洒消毒：土地面用1 000 mL/m^2消毒液喷洒，水泥地面按800 mL/m^2消毒液喷洒。生态放牧饲养的鹅群，牧场被污染严重的，可以空舍一段时间，利用阳光或种植某些对病原体有杀灭力的植物（如大蒜、大葱、小麦、黑麦等），连种数年，土壤可发生自洁作用。

四、鹅场水塘消毒

由于病鹅的粪便直接排在水塘里，鹅场水塘污染一般比较严重，有大量的病菌和寄生虫，往往造成鹅群疫病流行，所以要经常对水塘消毒。常年养殖的老水塘，还需要定期清塘。

（一）平时消毒

按每亩（1 亩约为 667 m^2）水深 1 m 的水面，用含氯量 30%的漂白粉 1 kg 全塘均匀泼洒，夏季每周 1 次，冬季每月 1 次：或者每亩水深 1 m 的水面，用生石灰 20 kg 化水全池均匀泼洒，夏季每周 1 次，冬季每月 1 次，可预防一般性细菌病。夏季每月用硫酸铜与硫酸亚铁合剂（5∶2）全池泼洒，可杀灭寄生虫和因水体过肥产生的蓝绿藻类。

（二）清塘

清塘时使用高浓度药物，可彻底地杀灭潜伏在池塘中的寄生虫和微生物等病原体，还可以杀灭传播疾病的某些中间宿主，如螺、蚌及青泥苔、水生昆虫、蝌蚪等。由于清塘时使用了高浓度消毒药，鹅群不可进入，必须等待一定时间，换水并检测，确定对鹅体无伤害后方可进鹅。清塘方法：先抽干池塘污水，再清除池塘淤泥，最后按每亩（水深 1 m）用生石灰 125～150 kg，或者漂白粉 13.5 kg，全塘泼洒。

五、人员、衣物等消毒

本场人员若去过有传染病发生的地方，则须对人员进行消毒隔离。在日常工作中，饲养员进入生产区时，应淋浴，换工作服，用消毒液洗手，踩消毒池，经紫外消毒后进入鹅舍，消毒过程须严格执行。工作服、靴、帽等，用前先洗干净，然后放在消毒室，用 28～42 mL/m^3 福尔马林熏蒸 30 分钟备用。人员进出场舍都要用 0.1%新洁尔灭或 0.1%过氧乙酸消毒液洗手、浸泡 3～5 分钟。

六、孵化室的消毒

孵化室的消毒效果受孵化室总体设计的影响，总体设计不合理，可造成相互传播病原，一旦育雏室或孵化室受到污染，则难以控制疫病流行。孵化室通道的两端通常设消毒池、洗手间、更衣室，工人及工作人员进出必须更衣、换鞋、洗手消毒、戴口罩和工作帽，雏鹅调出后、上蛋前都必须进行全面彻底的消毒，孵化器及其内部设备、蛋盘、搁架、雏鹅箱、蛋箱、门窗、墙壁、顶篷、室内外地坪、过道等都必须进行清洗喷雾消毒。第一次消毒后，在进蛋前还必须再进行一次密闭熏蒸消毒，确保下批出壳雏鹅不受感染。此外，孵化室的废弃物不能随便乱丢，必须妥善处理，因为卵壳等带病原的可能性很大，稍有不慎就可能造成污染。

七、育雏室的消毒

育雏室的消毒和孵化室一样，每批雏鹅调出前后都必须对所有饲养工具、饲槽、饮用水器等进行清洗、消毒，对室内外地坪必须清洗干净，晾干后用消毒药水喷洒消毒，入雏前还必须再进行一次熏蒸消毒，确保雏鹅不受感染。育雏室的进出口也必须设立消毒池、洗手间、更衣室等，工作人员进出必须严格消毒，并戴上工作帽和口罩，严防带入病菌。

八、饲料仓库与加工厂的消毒

家禽饲料中动物蛋白是传播沙门菌的主要来源，如外来饲料带有沙门菌、肉毒梭菌、黄曲霉菌及其他有毒的霉菌，必然造成饲料仓库和加工厂的污染，轻则引起慢性中毒，重则出现暴发性中毒死亡。因此饲料仓库及加工厂必须定期消毒，杀灭各种病原微生物，同时也应定期灭虫、杀鼠，消灭仓库害虫及鼠害，减少病原传播。库房的消毒可采用熏蒸灭菌法，此法简单方便、效果好，可节省人力、物力。

九、饮用水消毒

养禽场或饲养专业户，应建立自己的饮用水设施，对饮用水进行消毒，按容积计算，每立方米水中加入漂白粉6~10 g，搅拌均匀，可减少水源污染的危险。此外，还应防止饮用水器或水槽的饮用水污染，最简单的办法是升高饮用水器或水槽，并随日龄的增加不断调节到适当的高度，保证饮用水不受粪便污染，防止病原和寄生虫的传播。

十、环境消毒

禽场的环境消毒，包括禽舍周围的空地、场内的道路及进入大门的通道等。正常情况下除进入场内的通道要设立经常性的消毒池外，一般每半年或每季度定期用氨水或漂白粉溶液，或来苏儿进行喷洒，全面消毒，在出现疫情时应每天消毒一次，防止疫源扩散。消毒常用的消毒药有氢氧化钠、过氧乙酸、草木灰、石灰乳、漂白粉、石炭酸、高锰酸钾和碘酊等，不同的消毒药因性状和作用不同，消毒对象和使用方法不一致，药物残留时间也不尽相同，使用时要保证消毒药安全、易使用、高效、低毒、低残留和对人禽无害。

进雏鹅前，鹅舍周围 5 m 以内和鹅舍外墙用 0.2%~0.3%的过氧乙酸或 2%的氢氧化钠溶液喷洒消毒，场区道路、建筑物等，也可以每天用 0.2%次氯酸钠溶液喷洒 1 次进行消毒。鹅舍间的空地每季度翻耕，用火焰枪喷表层土壤，烧去有机物。

十一、设备用具的消毒

料槽等塑料制品先用水冲洗，晒干后用 0.1%新洁尔灭刷洗

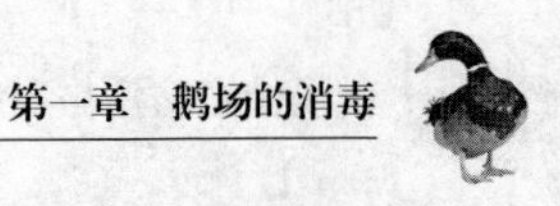

消毒，再与鹅舍一起进行熏蒸消毒。蛋箱蛋托用氢氧化钠溶液浸泡洗净后再晾干。商品肉鹅场运出场外的运输笼则在场外设消毒点消毒。

十二、车辆消毒

外部车辆不得进入生产区；生产区内车辆定期消毒，不出生产区。进出鹅场车辆须经场区大门消毒池消毒，消毒池与大门等宽，长至少为车轮周长的 2 倍，内放 3 cm 深的 2%氢氧化钠溶液，每天换消毒液，若放 0.2%的新洁尔灭则每 3 天换 1 次。

十三、垫料消毒

鹅出栏后，从鹅舍清扫出来的垫草垫料，运往处理场地堆沤发酵或烧毁，不再重新用作垫草。新换的垫草，常常带有霉菌、螨及其他昆虫等，因此在搬入鹅舍前必须进行翻晒消毒。垫草的消毒可用甲醛、高锰酸钾熏蒸；最好用环氧乙烷熏蒸，穿透性比甲醛强，且具有消毒、杀虫两种功能。

十四、种蛋的消毒

种蛋在产出及保存过程中，很容易被细菌污染，如不消毒，就会影响孵化效果，甚至可能将疾病传染给雏鹅。因此，对即将入孵的种蛋，必须消毒，以提高孵化率，防止发生传染病。现介绍甲醛熏蒸法、新洁尔灭消毒法、过氧乙酸熏蒸法及碘液浸泡法等几种常见的消毒方法。

（一）甲醛熏蒸法

此法能消灭种蛋壳表层 95%的细菌、微生物。按每立方米用高锰酸钾 20 g、福尔马林 40 mL，加少量温水，置于 20~25 ℃密闭的室内熏蒸半小时，保持室内相对湿度 75%~80%。盛消毒药的容器要用陶瓷器皿，先放高锰酸钾，后倒入福尔马林，然后迅速密闭门窗熏蒸。注意切不可先放福尔马林后放高锰酸钾。熏蒸24小时后打开门窗通风，即可孵化。

（二）苯扎溴铵消毒法

用0.1%的苯扎溴铵溶液喷洒种蛋表面，也可浸泡种蛋3分钟，但苯扎溴铵切忌与高锰酸钾、汞、碘、碱、肥皂等合用。

（三）过氧乙酸熏蒸法

此法使用较为普遍，即每立方米空间用16%的过氧乙酸溶液40~60 mL，高锰酸钾4~6 g，熏蒸15分钟。

（四）碘液浸泡法

该法为入孵前的一种消毒方式，即将种蛋放入0.1%的碘溶液（10 g碘片+15 g碘化钾+1 000 mL水，溶解后倒入9 000 mL清水）中，浸泡1分钟。

（五）漂白粉浸泡法

将种蛋放入含有效氯1.5%的漂白粉溶液中浸泡3分钟即可。

十五、人工授精器械的消毒

采精和输精所需器械必须经高温高压灭菌消毒。稀释液需在高压锅内经30分钟高压灭菌，自然冷却后备用。

十六、诊疗室及医疗器械的消毒

诊疗室的消毒主要包括两部分内容，即兽医诊疗室的消毒，兽医诊疗器械及用品的消毒。其消毒必须是经常性的和常规性的。

（一）兽医诊疗室的消毒

鹅场一般都要设置兽医诊疗室，负责整个鹅场的疫病防治、消毒管理和免疫接种等工作。兽医诊疗室是病原微生物集中或密度较高的地方。因此，首先要搞好诊疗室的消毒灭菌工作，才能保证全场消毒工作和防病工作的顺利进行。室内空气消毒和空气

净化可以采用过滤、紫外线照射（诊室内安装紫外线灯，每立方米 2~3 W）、熏蒸等方法；诊疗室内的地面、墙壁、棚顶可用 0.3%~0.5%的过氧乙酸溶液或 5%的氢氧化钠溶液喷洒消毒；诊疗室的废弃物和污水也要消毒处理，废弃物和污水数量少时，可与粪便一起堆积生物发酵消毒处理；量大时，使用化学消毒剂（如 15%~20%的漂白粉搅拌，作用 3~5 小时消毒处理）消毒。

（二）兽医诊疗器械及用品的消毒

兽医诊疗器械及用品是直接与鹅接触的物品，用前和用后都必须按要求进行严格的消毒。根据器械及用品的种类和使用范围不同，其消毒方法和要求也不一样。一般对进入鹅体内或与黏膜接触的诊疗器械，如解剖器械、注射器及针头等，必须经过严格的消毒灭菌；对不进入鹅体内也不与黏膜接触的器具，一般要求去除细菌的繁殖体及亲脂类病毒。

十七、发生疫情后的消毒

鹅场发生传染病后，病原体数量大幅增加，疫病传播流行会更加迅速。为了控制疫病传播流行及危害，需要更加严格的消毒。疫情活动期间消毒是以消灭病鹅所散布的病原体为目的而进行的消毒。病鹅所在的鹅舍、隔离场地、排泄物、分泌物及被病原微生物污染和可能被污染的一切场所、用具和物品等都是消毒的重点。在实施消毒过程中，应根据传染病病原体的种类和传播途径的区别，抓住重点，以保证消毒的实际效果。如肠道传染病消毒的重点是鹅排出的粪便，以及被污染的物品、场所等；呼吸道传染病则主要是消毒空气、分泌物及被污染的物品等。

（一）一般消毒程序

（1）用 5%的氢氧化钠溶液，或 10%的石灰乳溶液，对养殖场的道路、禽舍周围喷洒消毒，每天 1 次。

（2）用 15%漂白粉溶液、5%的氢氧化钠溶液等喷洒禽舍地

面、禽栏，每天1次。带鹅消毒，用0.3%农福、0.5%~1%的过氧乙酸溶液喷雾，每天1次。

（3）粪便、粪池、垫草及其他污染物可采用化学或生物热消毒。

（4）出入人员脚踏消毒液，经紫外线照射消毒。消毒池内放入5%氢氧化钠溶液，每周更换1~2次。

（5）其他用具、设备、车辆用15%漂白粉溶液、5%的氢氧化钠溶液等喷洒消毒。

（6）疫情结束后，进行1~2次全面的消毒。

（二）发生A类传染病后的消毒措施

鹅的A类传染病主要包括高致病性禽流感、新城疫。

（1）污染物处理：对于排泄物和被污染或可能被污染的垫料、饲料等物品，均需进行无害化处理。被扑杀的鹅体内含有高致病性病毒，如果不将这些病原根除，让病鹅扩散流入市场，势必造成高致病性、恶性病毒的传播扩散，同时可能危害人们的健康。为了保证人们的身体健康和使疫病得到有效控制，必须对扑杀的鹅做无害化处理。鹅尸体需要运送时，应使用防漏容器，须有明显标志，并在动物防疫监督机构的监督下实施。

（2）消毒：疫情发生时，各级疾病控制机构应该配合农业部门开展工作，指导现场消毒，进行消毒效果评价。

对死鹅和宰杀的鹅、鹅舍、鹅粪便进行终末消毒，对发病的养殖场或所有病鹅停留或经过的圈舍，用15%漂白粉、5%氢氧化钠或5%甲醛等全面消毒，所有的粪便和污物清理干净并焚烧，器械、用具等可用5%氢氧化钠或5%甲醛溶液浸泡；对划定的动物疫区内畜禽类密切接触者，在停止接触后应对其及其衣物进行消毒；对划定的动物疫区内的饮用水应进行消毒处理，对流动水体和较大水体等消毒较困难者可以不消毒，但应严格进行管理；对划定的动物疫区内可能被污染的物体表面在出封锁线时进行消

毒；必要时对鹅舍的空气进行消毒。

（3）疫病病原感染人情况下的消毒：有些疫病可以感染人并引起人的发病，如近年来禽流感在人群中的发生。当发生人禽流感疫情时，各级疾病控制中心除应协助农业部门针对动物禽流感疫情开展消毒工作，进行消毒效果评价外，还应对疫点和病人，以及疑似病人污染或可能污染的区域进行消毒处理。

加强对人禽流感疫点、疫区现场消毒的指导，进行消毒效果评价；对病人的排泄物、病人发病时生活和工作过的场所、病人接触过的物品及可能污染的其他物品进行消毒；对病人诊疗过程中可能的污染，既要按肠道传染病又要按呼吸道传染病的要求进行消毒。

第六节　消毒效果的检测与强化消毒效果的措施

一、消毒效果的检测

消毒的目的是为了消灭被各种带菌动物排泄于外界环境中的病原体，切断疾病传播链，尽可能地减少发病概率。消毒效果受到多种因素的影响，包括消毒剂的种类和使用浓度、消毒时的环境条件、消毒设备的性能等。因此，为了掌握消毒的效果，以保证最大限度地杀灭环境中的病原体，防止传染病的发生和传播，必须对消毒对象进行消毒效果的检测。

（一）消毒效果检测的原理

在喷洒消毒液或经其他方法消毒处理前后，分别用灭菌棉棒在待检区域取样，并置于一定量的生理盐水中，再以10倍稀释法稀释成不同倍数，然后分别取定量的稀释液，置于加有固体培养基的培养皿中，培养一段时间后取出，进行细菌菌落计数，比较消毒前后细菌菌落数，即可得出细菌的消除率，根据结果判定消毒效果的好坏。

细菌消除率=（消毒前菌落数-消毒后菌落数）/消毒前菌落数×100%

（二）消毒效果检测的方法

1. 地面、墙壁和顶棚消毒效果的检测

（1）棉拭子法：用灭菌棉拭子蘸取灭菌生理盐水，分别对禽舍地面、墙壁、顶棚进行未经任何处理和消毒剂消毒后2次采样，采样点为至少5块相等面积（3 cm×3 cm）。用高压灭菌过的棉棒蘸取含有中和剂（使消毒药停止作用）的0.03 mol/L的缓冲液中，在试验区事先划出的3 cm×3 cm的面积内轻轻滚动涂抹，然后将棉棒放在生理盐水管中（若用含氯制剂消毒时，应将棉棒放在15%的硫代硫酸钠溶液中，以中和剩余的氯），然后投入灭菌生理盐水中。振荡后将洗液样品接种在普通琼脂培养基上，置37 ℃恒温箱中培养18~24小时后进行菌落计数。

（2）影印法：将50 mL注射器去头并灭菌，无菌分装普通琼脂制成琼脂柱。分别对鹅舍地面、墙壁、顶棚各采样点进行未经任何处理和消毒剂消毒后2次影印采样，并用灭菌刀切成高度约1 cm厚的琼脂柱，正置于灭菌平皿中，于37 ℃恒温箱中培养18~24小时后进行菌落计数。

2. 空气消毒效果的检查

（1）平皿暴露法：将待检房间的门窗关闭好，取普通琼脂平板4~5个，打开盖子后，分别放在房间的四角和中央暴露5~30分钟，具体时间根据空气污染程度而定。取出后放入37 ℃恒温箱中培养18~24小时，计算生长菌落。消毒后，再按上述方法在同样地点取样培养，根据消毒前后的细菌数的多少，即可按上述公式计算出空气的消毒效果，但该方法只能捕获直径大于10 μm的病原颗粒，对体积更小、流行病学意义更大的传染性病

原颗粒很难捕获，故准确性差。

（2）液体吸收法：先在空气采样瓶内放10 mL灭菌生理盐水或普通肉汤，抽气口上安装抽气唧筒，进气口对准欲采样的空气，连续抽气100 L，抽气完毕后分别吸取其中液体0.5 mL、1 mL、1.5 mL，分别接种在培养基上培养。按此法在消毒前后各采样1次，即可测出空气的消毒效果。

（3）冲击采样法：用空气采样器先抽取一定体积的空气，然后强迫空气通过狭缝直接高速冲击到缓慢转动的琼脂培养基表面，经过培养，比较消毒前后的细菌数。该方法是目前公认的标准空气采样法。

（三）结果判定

细菌减少80%以上为良好；减少70%~80%为较好；减少60%~70%为一般；减少60%以下则为消毒不合格，需要重新消毒。

二、强化消毒效果的措施

（一）制定合理的消毒程序并认真实施

在消毒操作过程中，影响消毒效果的因素很多，如果没有一个详细、全面的消毒计划并严格落实实施，消毒的随意性大，就不可能收到良好的消毒效果。

1. 消毒计划（程序）

消毒计划（程序）的内容应该包括消毒的场所或对象，消毒的方法，消毒的时间次数，消毒剂的选择、配比稀释、交替更换，消毒对象的清洁卫生，以及清洁剂或消毒剂的使用等。

2. 执行控制

消毒计划落实到每一个饲养管理人员，严格按照计划执行并要监督检查，避免随意性和盲目性；要定期进行消毒效果检测，通过肉眼观察和微生物学的监测，以确保消毒的效果，有效减少或排除病原体。

（二）选择适宜的消毒剂和适当的消毒方法

见本章第三、四节有关内容。

（三）职业防护与生物安全

无论采取哪种消毒方式，都要注意消毒人员的自身防护。消毒防护首先要严格遵守操作规程和注意事项，其次要注意消毒人员及消毒区域内其他人员的防护。防护措施要根据消毒方法的原理和操作规程有针对性。例如，进行喷雾消毒和熏蒸消毒就要穿上防护服，戴上防护镜和口罩；进行紫外线的照射消毒，室内人员都应该离开，避免直接照射。在干热灭菌时防止燃烧；压力蒸汽灭菌时防止爆炸事故及操作人员的烫伤事故；使用气体化学消毒时，防止有毒消毒气体的泄漏，经常检测消毒环境中气体的浓度，多环氧乙烷气体还应防止燃烧、爆炸事故；接触化学消毒剂时，防止过敏和皮肤黏膜损伤等。对进出鹅场的人员通过消毒室进行紫外线照射消毒时，眼睛不能看紫外线灯，避免眼睛被灼伤。

第二章　鹅场的防疫

第一节　场址选择和布局

一、场址确定与建场要求

（一）地形、土质、地势与气候

鹅场地面要平坦，或向南或东南稍倾斜，背风向阳，场地面积大小要适当，土壤结构最好是沙质壤土，这种土壤排水性能好，能保持鹅场的干燥卫生。地势的高低直接关系到光照、通风和排水等问题，鹅场最好有树木荫蔽、排水方便、不受洪涝灾害影响，尽量减弱严寒季节冷空气的影响，并有利于防疫、处理粪便、排除污水等。在山区建场，应选择坡度不大的山腰处。

了解鹅场所在地的自然气候条件，如平均气温、最高最低气温、降水量与积雪深度、最大风力、常年主导风向、日照及灾害天气等情况。在沿海地区建场要考虑台风的影响及鹅舍抗风能力。夏季最高气温超过 40 ℃的地方，不宜选作场址。

（二）水源与电源

选择场址时，对鹅只的饮用水、清洗卫生用水及人员生活用水等用水量要做出估计，特别是旱季供水量是否充足，要做详细调查，以保证能长期稳定地用水。水源以深层地下水较为理想，其次是自来水。如果采用其他水源，应保证无污染源，有条件的应请卫生部门进行水质分析，同时要进行定期检测。大型鹅场最好能自掘深井，以保证用水的质量。

鹅场孵化、育雏等都要有照明、供温设备，尤其是大型鹅场，无论是照明、孵化、供温、清粪、饮用水、通风换气等，都需要用电，因此鹅场电力一定要充足。要配有专用电源，在经常停电的地区，还必须有预备的发电设备。

（三）草场与水场

鹅是草食家禽，如果有条件，鹅场应选在草场面积广阔、草质柔嫩、生长茂盛的地方，让鹅采食大量的青草。草场的好坏与鹅场的经营效益密切相关，草场好，既可节省精饲料，又可提高母鹅的产蛋量和蛋的孵化率。

水场要建在河流、水塘、湖泊或小溪的附近，以水速平稳的流动水最理想，其中以沙质河底的河湾为最佳，泥质河底的河湾次之，再次是有斜坡的山塘或水库。水场水深以1~1.5 m为宜，水岸以30°以下的缓坡为好，坡度过大则不利于鹅上岸、下水。为便于水场管理，可对自然水源进行扩建和改造，若无合适的自然水源也可自建水池。

二、场区规划与场内布局

鹅场的规划布局就是根据拟建场地的环境条件，科学地确定各区的位置，合理地确定各类房舍、道路、供排水和供电等管线、绿化带等的相对位置及场内防疫卫生的安排。鹅场的规划布局是否合理，直接影响鹅场的环境控制和卫生防疫。

实际工作中鹅场规划布局应遵循以下原则：便于管理，有利于提高工作效率；便于进行防疫卫生工作；充分考虑饲养作业流程的合理性；节约基建投资。

（一）分区规划

鹅场通常根据生产功能，分为生活区、管理区、生产区和隔离区等（图 2-1）。

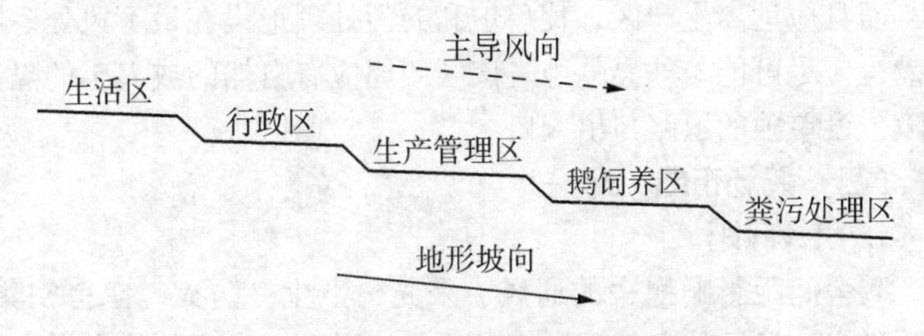

图 2-1 地势、风向分区规划示意图

1. 生活区、管理区

生活区或管理区是鹅场与社会联系密切的区域，易造成疫病的传播和流行。该区的位置应靠近大门，并与生产区分开，外来人员只能在管理区活动，不得进入生产区。场外运输车辆不能进入生产区。车棚、车库均应设在管理区，除饲料库外，其他仓库亦应设在管理区。职工生活区设在上风向和地势较高处，以免相互污染。

2. 生产区

生产区是鹅生活和生产的场所，该区的主要建筑为各种禽舍，生产辅助建筑物。生产区应位于全场中心地带，地势应低于管理区，并在其下风向，但要高于病禽管理区，并在其上风向。生产区内饲养着不同日龄段的鹅，因为日龄不同，其生理特点、环境要求和抗病力也不同，所以在生产区内，要分小区规划，育雏区、育成区和成年区严格分开，并加以隔离。日龄小的鹅群放在安全地带（上风向、地势高的地方）。种鹅场、孵化场和商品场应各自分开，相距 300~500 m 以上。饲料库可以建在与生产区围墙同一平行线上，用饲料车直接将饲料送入料库。

3. 病鹅隔离区

病鹅隔离区是主要用来治疗、隔离和处理病鹅的场所。为防止疫病传播和蔓延，该区应在生产区的下风向，并在地势最低处，而且应远离生产区。焚尸炉和粪污处理地设在最下风处。隔离鹅舍应尽可能与外界隔绝。该区四周应有自然的或人工的隔离屏障，设单独的道路与出入口。

（二）鹅场布局

1. 鹅舍间距

鹅舍间距影响鹅舍的通风、采光、卫生、防火。鹅舍密集，间距过小，场区的空气环境容易恶化，微粒、有害气体和微生物含量过高，增加病原体含量和传播机会，容易引起鹅群发病。为了保持场区和鹅舍良好环境，鹅舍之间应保持适宜的距离。

2. 鹅舍朝向

鹅舍朝向是指鹅舍长轴与地球经线是水平还是垂直。鹅舍朝向的选择与通风换气、防暑降温、防寒保暖及鹅舍采光等环境效果有关。朝向选择应考虑当地的主导风向、地理位置、采光和通风排污等情况。鹅舍一般坐北朝南，即鹅舍的纵轴方向为东西向，对我国大部分地区的开放舍来说是较为适宜的。这样的朝向，在冬季可以充分利用太阳辐射的温热效应和射入舍内的阳光防寒保温；夏季辐射面积较少，阳光不易直射舍内，有利于鹅舍防暑降温。

3. 贮粪场

鹅场应设置粪尿处理区（图 2-2）。粪场靠近道路，有利于粪便的清理和运输。贮粪场应设在生产区和鹅舍的下风处，与住宅、鹅舍之间保持有一定的卫生间距（30～50 m），并应便于运往农田或其他场地处理。贮粪池的深度以不受地下水浸渍为宜，底部应较结实，贮粪场和污水池要进行防渗处理，以防粪液渗漏流失污染水源和土壤。贮粪场底部应有坡度，使粪水可流向一侧

或集液井，以便取用。贮粪池的大小应根据每天鹅排粪量多少及贮藏时间长短而定。

图 2-2　鹅舍附近设置的贮粪池等设施

4. 道路和绿化

场区道路要求在各种气候条件下都能保证通车，防止扬尘，应分别有供人员行走和运送饲料的清洁道、供运输粪污和病死鹅的污物道及供产品装车外运的专用通道。清洁道也作为场区的主干道，宜用水泥混凝土路面，也可用平整石块或石条路面，宽度为 3.5~6.0 m，路面横坡坡度 1.0%~1.5%，纵坡坡度 0.3%~8.0%为宜。污物道路面可同清洁道，也可用碎石或砾石路面、石灰渣土路面，宽度一般为 2~3.5 m，路面横坡坡度为 2.0%~4.0%，纵坡坡度为 0.3%~8.0%。场内道路一般与建筑物长轴平行或垂直布置，清洁道与污物道不宜交叉。道路与建筑物外墙最小距离，当无出入口时以 1.5 m 为宜，有出入口时以 3 m 为宜。

绿化不仅有利于场区和鹅舍温热环境的维持和空气洁净，而且可以美化环境，鹅场建设必须注重绿化，绿化率应不低于30%。树木与建筑物外墙、围墙、道路边缘及排水明沟边缘的距离应不小于 1 m。做好道路绿化、鹅舍之间的绿化和场区周围及各生产小区之间的隔离林带，做好场区北面防风林带和南面、西面的遮阳林带等。

三、鹅场环境控制与监测

（一）环境对养鹅的影响

1. 水

鹅是水禽，放牧、洗浴和交配都离不开水。地面水一般包括江、河、湖、塘及水库等所容纳的水，主要由降水或地下泉水汇集而成，其水质和水量极易受自然因素的影响，也易受工业废水和生活污水的污染，常常由此而引起疾病流行或慢性中毒。大、中型鹅场如果利用天然水域进行放牧，可能会对放牧水域产生污染，必须从公共卫生的角度考虑对水环境的整体影响。

2. 土壤

土壤中的重金属元素及其他有害物质超标，会导致其周围水体、植物中相应物质增加，容易引起鹅营养代谢病及中毒。土壤表层含有的细菌芽孢、寄生虫卵、球虫卵囊等也易诱发相应疾病。

3. 空气

雏鹅对育雏室内的二氧化碳、氨气、硫化氢等有害气体十分敏感。当环境中二氧化碳的含量超过 0.51 g/kg、氨气的含量超过 21 mg/kg、硫化氢的含量超过 0.46 mg/kg 时，雏鹅就会出现精神沉郁、呼吸加快、口腔黏液增多、食欲减退、羽毛松乱、无光泽等症状。另外，鹅场周围工矿企业排放的有害气体（如氯碱厂的氯，磷肥厂的氟等）、悬浮微粒也会严重威胁鹅群健康。

4. 气候

自然气候条件（平均气温、最高最低气温、日照时间等）对鹅的生长发育、产蛋都有一定的影响。当然我们也可以通过人工条件的控制来减小其影响，但养殖成本相应也会增加。

（二）鹅场环境控制与监测措施

鹅场环境的控制主要是防止鹅生存环境的污染，鹅生活在该环境中，或多或少地也影响着周围的环境。使鹅场受到污染的因素有工业“三废”、农药残留、鹅的粪尿污水、死鹅尸体和鹅舍产生的粉尘及有害气体等，故对鹅场的环境控制与监测主要是控制水质、土壤和空气。

1. 建好隔离设施

鹅场周围建立隔离墙、防疫沟等设施，避免闲杂人员和动物进入。鹅场的大门口必须建造一个消毒池（图 2-3），其宽度大于大卡车的车身，长度大于车轮两周长，池内放入 2%~3%的氢氧化钠溶液并定期更换。生产区门口要建职工过往的消毒池，要有更衣消毒室。鹅舍门口必须建小消毒池，宽度大于舍门。

图 2-3　场门处设置的消毒池

图 2-4　三级化粪池

鹅舍最好安装一些过滤装置，使臭气及灰尘被吸附在装置上，要建粪污及污水处理设施，如三级化粪池等（图 2-4）。粪污及污水处理设施要与鹅舍同时设计并合理布局。

2. 做好粪便处理

（1）鹅场粪污对生态环境的污染：鹅场在为市场提供鹅产品时，也在不断地产生大量的粪便和污水。污物大多为含氮、磷物质，未经处理的粪尿一部分氮挥发到大气中增加了大气中的氮含量，严重的则构成酸雨，危害农作物；其余的大部分被氧化成硝酸盐渗入地下，或随地表水流入河道，造成更为广泛的污染，致使公共水系中的硝酸盐含量严重超标。磷排入江河会严重污染水质，造成藻类和浮游生物的大量繁殖。鹅的配合饲料中含有较多的微量元素，经消化吸收后多余的随排泄物排出体外，其粪便作为有机肥料播撒到农田中去，长此以往，将导致磷、铜、锌等其他有害微量元素在环境中的富集，从而对农作物产生毒害作用。

另外，粪便通常带有病原体，容易造成土壤、水和空气的污染，从而导致禽传染病、寄生虫病的传播。

（2）解决鹅场污染的主要途径：

1）总体规划、合理布局、加强监管：为了科学规划畜牧生产布局、规范养殖行为，避免因布局不合理而造成对环境的污染。畜牧、土地、环保等管理部门要明确职责、加强配合。畜牧部门应同土地、环保部门依据《中华人民共和国畜牧法》等法律法规并结合村镇整体规划，划定禁养区、限养区及养殖发展区。在禁养区内禁止发展养殖，已建设的畜禽养殖场，通过政策补贴等措施限期搬迁；在限养区内发展适度规模养殖，严格控制养殖总量；在养殖区内，按标准化要求，结合自然资源情况决定养殖品种及规模，对畜禽养殖场排放污物，环保部门应开展不定期的检测监管，督促各养殖场按国家《畜禽养殖粪污排放标准》（DB 33/593—2005）达标排放。今后，要在政府的统一指挥协调下对养殖行为形成制度化管理，土地部门对养殖用地在进行审批时，必须有畜牧、环保部门的签字意见方可审批。

2）提升养殖技术，实现粪污减量化排放：加大畜牧节能环保生态健康养殖新技术的普及力度，如通过推广微生物添加剂的方法提高饲料转化率，促进饲料营养物质的吸收，减少含氮物的排放；通过运用微生物发酵处理发展生物发酵床养殖，应用“干湿粪分离”、雨水与污水分开等技术减少污物排放；通过“污物

多级沉淀、厌氧发酵”等实现污物达标排放。在新技术的推动下，发展健康养殖，达到节能减排的目的。

3）开辟多种途径，提高粪污资源化利用率：根据市场需求，利用自然资源优势，发挥社会力量，多渠道、多途径开展养殖粪污治理，变废为宝。

（3）粪便污水的综合利用技术：

1）发展种养结合养殖模式：在种植区域建设适度规模的养殖场，使粪污处理能力与养殖规模相配套，养殖粪污通过堆放腐熟施入农田，实现农牧结合处理粪污。

2）实施沼气配套工程：养鹅场配套建设适度规模的沼气池（图2-5），利用厌氧产沼技术，将粪污转化为生活能源及植物有机肥，实现粪污资源再利用，达到减排的目的。根据对部分养殖场的调查，由于技术、沼渣沼液处置等多方面原因，农户中途放弃使用沼气池的现象较为普遍。因此，要加强跟踪服务工作，提高管理水平，避免沼气池成“摆设”。

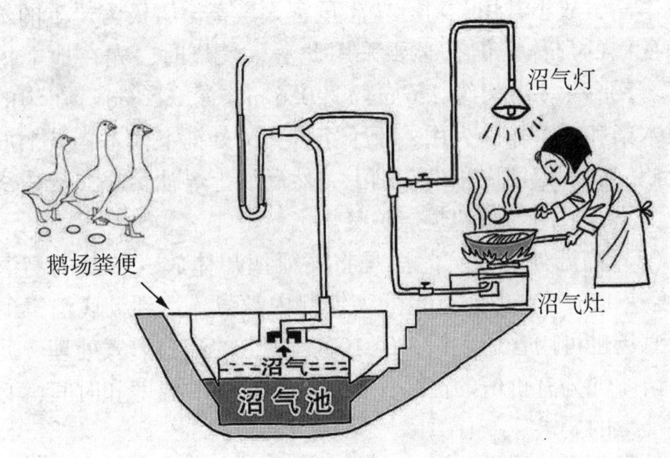

图2-5　养鹅场沼气配套工程示意

3）开展深加工，实现粪污商品化：从养殖业习惯及养殖业主经济实力来看，按“谁污染谁治理”的原则，目前大多数规模养殖场、户很难自行解决粪污治理问题。政府必须通过政策扶持、资金奖励等方式引导社会企业开发粪污处理技术，建设有机肥料加工厂。这些加工厂将养殖行业的粪污“收购”后，运用现代加工技术生产成包装好、运输方便、使用简单、效果好的有机肥成品出售，可以为种植、水产养殖户提供生态、环保、物美价廉的有机肥料产品。这样既解决养殖污染问题，又充分利用资源，优化了种植和养殖环境，实现了资源循环利用。在条件成熟的情况下，也可依照城市垃圾发电的模式，开发利用养殖粪污发电等项目。

3. 无害化安全处理病死鹅

必须及时地无害化处理病死鹅，坚决不能图一己私利而出售病死鹅。处理方法有以下几种。

（1）焚烧法：焚烧是一种较完善的方法，但不能利用产品，且成本高，故不常用。对一些患危害人、畜健康极为严重的传染病病死鹅的尸体，仍有必要采用此法。焚烧时，先在地上挖一“十”字形沟（沟长约 2.6 m，宽 0.6 m，深 0.5 m），在沟的底部放木柴和干草作引火用，于十字沟交叉处铺上横木，其上放置病死鹅，病死鹅四周用木柴围上，然后洒上煤油焚烧，尸体烧成黑炭为止，或用专门的焚烧炉焚烧。

（2）高温处理法：此法是将病死鹅尸体放入特制的高温锅（温度达 150 ℃）内或有盖的大铁锅内熬煮，达到彻底消毒的目的。鹅场也可用普通大锅，经 100 ℃以上的高温熬煮处理。此法可保留一部分有价值的产品，但要注意熬煮的温度和时间，必须达到消毒的要求。

（3）土埋法：该法是利用土壤的自净作用使病死鹅无害化。此法虽简单但不理想，因其无害化过程缓慢，某些病原微生物能

长期生存，从而污染土壤和地下水，并会造成二次污染，所以不是最彻底的无害化处理方法。采用土埋法，必须遵守卫生要求。埋尸坑远离畜禽舍、放牧地、居民点和水源，地势高燥。尸体掩埋深度不小于 2 m，掩埋前在坑底铺上 2～5 cm 厚的石灰，尸体投入后，再撒上石灰或洒上消毒药剂，埋尸坑四周最好设栅栏并做标记。

(4) 发酵法：将尸体抛入尸坑内，利用生物热的方法进行发酵，从而起到消毒灭菌的作用。尸坑一般为井式，深达 9～10 m，直径 2～3 m，坑口有一个木盖，坑口高出地面 30 cm 左右。将尸体投入坑内，堆到距坑口 1.5 m 处，盖封木盖，经 3～5 个月发酵处理后，尸体即可完全腐败分解。

在处理病死鹅时，不论采用哪种方法，都必须将病死鹅的排泄物、各种废弃物等一并进行处理，以免造成环境污染。

4. 使用环保型饲料

考虑营养而不考虑环境污染的日粮配方，会给环境造成很大的压力，并带来浪费和污染，同时也会污染鹅的产品。由于鹅对蛋白质的利用率不高，饲料中 50%～70% 的氮以粪氮和尿氮的方式排出体外，其中一部分氮被氧化成硝酸盐。此外，一些未被吸收利用的磷和重金属等渗入地下或地表水中，或流入江河，从而造成广泛的污染。

资料表明，如果日粮干物质的消化率从 85% 提高到 90%，那么随粪便排出的干物质可减少 1/3，日粮蛋白质减少 2%，粪便排泄量就降低 20%。粪污的恶臭主要由蛋白质腐败产生，如果提高日粮粗蛋白质的消化率或减少蛋白质的供给量，那么产生臭气的物质将大大减少。按可消化氨基酸配制日粮，补充必要氨基酸和植酸酶等，可提高氮、磷的利用率，减少氮、磷的排泄。营养平衡配方技术、生物技术、饲料加工工艺的改进，饲料添加剂的合理使用等新技术的出现，为环保饲料指明了方向。

5. 绿化环境

在鹅场内外及场内各栋鹅舍之间种植常绿树木及各种花草，既可美化环境，又可改变场内的小气候、减少环境污染。许多植物可吸收空气中的有害气体，使氨、硫化氢等有毒气体的浓度降低，恶臭明显减少，释放氧气，提高场区空气质量。此外，某些植物对银、镉、汞等重金属元素有一定的吸收能力；叶面还可吸附空气中的灰尘，使空气得以净化；绿化还可以调节场区的温度和湿度。夏季绿色植物叶面水分蒸发可以吸收热量，使周围环境的温度降低；散发的水分可以调节空气的湿度。草地和树木可以挡风沙，降低场区气流速度，减少冷空气对鹅舍的侵袭，使场区温度保持稳定，有利于冬季防寒；场周围种植的隔离林带可以控制场外人畜往来，利于防止疫病传播。

6. 严格制度和监测

要真正做好鹅场的环境保护，必须以严格的卫生防疫制度作保证。加强环保知识的宣传，建立和健全卫生防疫制度是做好鹅场环境保护工作的保障，应将鹅场的环境保护问题纳入鹅场管理的范畴，应经常向职工宣传环保知识，使大家认识到环境保护与鹅场经济效益和个人切身利益密切相关。制定切实的措施，并抓好落实。同时做好环境监测，环境卫生监测包括空气、水质和土壤的监测，应定期进行，为鹅舍环境保护提供依据。

建场时须确保鹅场不受工矿企业的污染，鹅场建成后据其周围排放有害物质的工厂监测特定的指标，有氯碱厂则监测氯，有磷肥厂则监测氟。无公害鹅舍内空气的控制除常规的温湿度监测外，还涉及氨气、硫化氢、二氧化碳、悬浮微粒和细菌总数的监测，必要时还须不定期监测鹅场及鹅舍的臭气。

水质的控制与监测在选择鹅场时即进行，主要据供水水源性质而定。若用地下水，据当地实际情况测定水感官性状（颜色、浊度和臭味等）、细菌学指标（大肠菌群数和蛔虫卵）和毒理学

指标（氟化物和铅等），不符合无公害标准时，可采取沉淀和加氯等措施。鹅场投产后据水质情况进行监测，一年测1~2次。

无公害肉鹅生产逐渐向集约化方向发展，较少直接接触土壤，其直接危害作用少，主要表现为种植的牧草和饲料危害肉鹅。土壤控制和监测在建场时即进行，之后可每年用土壤浸出液监测1~2次，测定指标有硫化物、氯化物、铅等毒物、氮化物等。

第二节　鹅场的卫生隔离

鹅场的消毒包含两种不同的含义，一是杀灭病原微生物，如细菌、病毒、霉菌；二是杀灭内寄生虫和外寄生虫，如原虫、蠕虫、节肢动物及螨类。消毒能否达到预期的目的，在很大程度上取决于卫生管理是否得力，所以消毒与卫生是不可分割的整体。

鹅场的卫生隔离是做好消毒工作的基础，也是预防和控制疫病的重要保证。只有良好的卫生隔离，才能保证消毒工作的顺利实施，有利于降低消毒的成本和提高消毒的效果。

一、鹅场消毒和隔离的要求

（一）消毒隔离的意义

隔离是指把养鹅生产和生活的区域与外界相对分隔开，避免各种传播媒介与鹅的接触，减少外界病原微生物进入鹅的生活区，从而切断传播途径。隔离应该从全方位、立体的角度进行。

（二）消毒隔离设施

1. 鹅场选址与规划中的隔离

鹅场选址时要充分考虑自然隔离条件，与人员和车辆相对集中、来往频繁的场所（如村镇、集市、学校等）要保持相对较

远的距离，以减少人员和车辆对鹅养殖场的污染；远离屠宰场和其他养殖场、工厂等，以减少这些企业所排放的污染物对鹅的威胁。

比较理想的自然隔离条件是场址处于山窝内或林地间，这些地方其他污染源少，外来的人员和车辆少，其他家养动物也少，鹅场内受到的干扰和污染概率低。对于农村养鹅场的选址，也可考虑在农田中间，这样鹅场四周的庄稼，也能起到良好的隔离保护效果。

2. 鹅舍建造的隔离设计

鹅舍建造时要注意，要让护栏结构能有效阻挡老鼠、飞鸟和其他动物、人员进入。鹅舍之间留有足够的距离，能够避免鹅舍内排出的污浊空气进入相邻的鹅舍。

3. 隔离围墙与隔离门

为了有效阻挡外来人员和车辆随意进入鹅饲养区，要求鹅场周围设置围墙（包括砖墙和带刺的铁丝网等）。在鹅场大门、进入生产区的大门处都要有合适的阻隔设备，能够强制性地阻拦未经许可的人员和车辆进入。对于许可进入的人员和车辆，必须经过合理的消毒环节后方可从特定通道入内。

4. 绿化隔离

绿化是鹅场内实施隔离的重要举措。青草和树木能够吸附大量的粉尘和有害气体及微生物，能够阻挡鹅舍之间的气流流动，调节场内小气候。按照要求，在鹅场四周、鹅舍四周、道路两旁都要种植乔木、灌木和草，全方位实行绿化隔离。

5. 水沟隔离

在鹅场周围开挖水沟或利用自然水沟建设鹅场，是实施鹅场与外界隔离的另一种措施，其目的也是阻挡外来人员、车辆和大动物。

（三）场区与外界的隔离

1. 与其他养殖场保持较大距离

任何类型的养殖场都会不断地向周围排放污染物，如氮、磷、有害元素、微生物等。养殖场普遍存在蚊蝇、鼠雀等，而这些动物是病原体的主要携带者，它们的活动区域集中在场区内和外围附近地区。与其他养殖场保持较大距离，能够较好地减少由于刮风、鼠雀和蚊蝇活动把病原体带入本场内。

2. 与人员活动密集度场所保持较大距离

村庄、学校、集市是人员和车辆来往比较频繁的地方，而这些人员和车辆来自四面八方，很有可能来自疫区。一方面，如果鹅场离这些场所近，则来自疫区的人员和车辆所携带的病原体就可能扩散到场区内，威胁本场鹅的安全。另一方面，场区与村庄和学校距离近，养鹅场所产生的粪便、污水、难闻的气味，滋生的蚊蝇、老鼠等都会给人的生活环境带来不良影响。此外，离村庄太近，村庄内饲养的家禽也有可能会跑到鹅场来，而这些散养的家禽免疫接种不规范，携带病原体的可能性很大，给鹅场带来极大的疫病威胁。

3. 与其他污染源产生地保持较大距离

动物屠宰加工厂、医院、化工厂等所产生的废物、废水、废气中都带有威胁动物健康的污染物，如果鹅场离这些场所太近，也容易被污染。

4. 与交通干线保持较大距离

在交通干线上每天来往的车辆多，其中就有可能有来自疫区的车辆、运输畜禽及其他动物产品的车辆。这些车辆在通行的时候，随时都可能向通过的地方排放病原体，对交通干线附近造成污染。从近年来家禽疫病流行的情况看，与交通干线相距较近的地方也是疫病发生比较多的地方。

5. 与外来人员和车辆、物品的隔离

来自本场以外的人员、物品和车辆都有可能是病原体的携带者，都可能会给本场鹅只的安全造成威胁。外来人员和车辆是不允许进入鹅场的，如果确实必须进入，则必须经过更衣、淋浴、消毒，才能从特定的通道进入特定的区域。外来的物品一般只在生活区和办公区使用，需要进入生产区的也必须进行消毒处理。其中，从场外运进来的袋装饲料在进入生产区之前，有条件的也要对外包装进行消毒处理。

（四）场区内的隔离

1. 管理人员与生产一线人员的隔离

生产一线人员是指直接从事鹅饲养管理的人员，一般包括饲养员、人工授精人员和生产区内的卫生工作人员。非直接饲养人员则指鹅场内的行政管理人员、财务人员、司机、门卫、炊事员和购销人员等。

管理人员与外界的联系较多，接触病原的机会也较大，因此，减少他们与饲养人员的接触也是减少外来病原进入生产区的重要措施。

2. 不同生产小区之间的隔离

在规模化养鹅场会有多个生产小区，不同小区内饲养不同类型的鹅（主要是不同生理生长阶段或性质的鹅），而不同生理阶段的鹅对疫病的抵抗力、平时的免疫接种内容、不同疫病的易感性、粪便和污水的产生量都有差异，因此，需要做好相互之间的隔离管理。

小区之间的隔离，首先是要求每个小区之间的距离不少于30 m。在隔离带内可以设置隔离墙或绿化隔离带，以阻挡不同小区人员的相互来往。每个小区的门口都要设置消毒设施，以便于出入该小区的人员、车辆与物品的消毒。

3. 饲养管理人员之间的隔离

在鹅场内不同鹅舍的饲养人员不应相互来往，因为不同鹅舍内鹅的周龄、免疫接种状态、健康状况、生产性质等都可能存在差异，饲养人员的频繁来往会增加不同鹅舍内疫病相互传播的危险。

4. 不同鹅舍之间物品的隔离

与不同鹅舍饲养人员不能相互来往的要求一样，不同鹅舍内的物品也会带来疫病相互传播的潜在威胁。各个鹅舍饲养管理物品必须固定，各自配套。公用的物品在进入其他鹅舍前必须进行消毒处理。

5. 场区内各鹅舍之间的隔离

在一般的养鹅场内部可能会同时饲养有不同类型或年龄阶段的鹅。尽管在养鹅场规划设计的时候进行了分区设计，使相同类型的鹅集中饲养在一个区域内，但是它们之间还存在相互影响的可能。例如，鹅舍在使用过程中由于通风换气，舍内的污浊空气（含有害气体、粉尘、病原微生物等）向舍外排放，若各鹅舍之间的距离较小，则从一栋鹅舍内排放出的污浊空气就会进入到相邻的鹅舍，造成舍内鹅被感染。

6. 严格控制其他动物的滋生

鸟雀、昆虫和啮齿类动物在鹅场内的生活密度要比外界高3~10倍，它们不仅是疾病传播的重要媒介，而且会使平时的消毒效果显著降低。同时，这些动物还会干扰家禽的休息，造成惊群，甚至吸取鹅的血液。因此，控制这些动物的滋生是控制鹅病的重要措施之一。

预防鸟雀进入鹅舍的主要措施包括把屋檐下的空隙堵严实，门窗外面加罩金属网。预防蚊蝇的主要措施是减少场区内外的积水，粪便要集中堆积发酵，下水道、粪便和污水要定期清理消毒，喷洒蚊蝇杀灭药剂，减少粪便中的含水率等。老鼠等啮齿类动物的控制则主要靠堵塞鹅舍外围护结构上的空隙，定期定点放置老鼠药等。

二、严格卫生隔离和消毒制度

（一）“全进全出”

不同日龄的鹅有不同的易感性疾病，如果鹅舍内有不同日龄的鹅群，则日龄较大的患病鹅群或是已痊愈但仍带毒的鹅群随时会将病原传播给日龄较小的鹅群。从防病的角度考虑，“全进全出”可减少疫病的接力传染和相互交叉感染。一批鹅处理完毕之后，有利于鹅舍的彻底清扫和消毒。另外，同一日龄的鹅饲养在一起，也会给定期预防注射和药物防疫带来方便。因此，统一进场，统一清场，一个鹅舍只饲养同一品种、同一日龄的鹅，是避免鹅群发病的有效措施。

（二）认真检疫

引进鹅只时，必须做好检疫工作，尤其是对鹅只危害严重的某些疫病和新病，不要把患有传染病的鹅只引进来。凡是需要从外地购买的鹅只，必须事先调查了解当地传染病的流行情况，以保证从非疫区引进健康的鹅。运回鹅场后，一定要隔离一个月，在此期间进行临床检查、实验室检验，确认健康无病后，方可进入健康鹅舍饲养。定期对主要传染病进行检疫，如新城疫、禽流感等，以及淘汰隔离病鹅，建立一个健康状况良好的鹅群。随时掌握疫情动态，为及时采取防控措施提供信息。

（三）隔离

将假定健康鹅或病鹅、可疑病鹅控制在一个有利于生产和便于防疫的地方，称为隔离。根据生产和防疫需要，可分为隔离病鹅和隔离饲养，这两种隔离方式都是预防、控制和扑灭传染病的重要措施。

1. 隔离病鹅

隔离病鹅是将患传染病的鹅和可疑病鹅置于不能向外散播病原体、易于消毒处理的地方或圈舍。这是为了将疫病控制在最小的范围内，并就地扑灭。因此，在发生传染病时，应对感染鹅群逐只进行临床检查或血清学检验。根据检查结果，将受检鹅分为病鹅、可疑病鹅和假定健康鹅三类，以便分别处理。

2. 病鹅的隔离饲养

有典型症状或血清学检查呈阳性的鹅，是最危险的传染源，应将其隔离在病鹅隔离舍。病鹅隔离舍要特别注意消毒，由专人饲养，固定专用工具，禁止其他人员接近或出入。粪便及其他排泄物，应单独收集并做无害化处理。

3. 可疑病鹅的隔离饲养

无临床症状，但与病鹅是同舍或同群的鹅可能受感染，有排毒、排菌的危险，应在消毒后转移到其他地方隔离饲养，限制其活动，并及时进行紧急预防接种或用药物进行预防性治疗，仔细观察，如果出现发病症状，则按照病鹅处理。隔离观察的时间，可根据该种传染病的潜伏期长短而定，经过一定时间不再发病，可取消其隔离限制。

4. 假定健康鹅的隔离饲养

除上述两类鹅外，疫区内其他易感鹅都属于假定健康鹅，应与上述两类鹅严格隔离饲养，加强消毒，立即进行紧急免疫接种或药物预防及其他保护性措施，严防感染。

（四）制定严格的消毒制度

（1）入舍前，场内的一切设备、设施都应进行消毒处理，场内应有消毒池、洗浴室、更衣室、消毒隔离间。职工经消毒后方可进入舍内。

（2）严格控制人员及车辆进出，做好人员分工，防止交叉感染，做好卫生消毒工作。

（3）定期打扫水槽、食槽。由于食槽内常有一些死角，当垫料或粪便落入，尤其是空气潮湿时，很容易在食槽内形成污垢，除了易传播沙门菌外，还可能因为霉菌的生长而导致曲霉菌病的发生，所以必须定期清洗食槽，保持食槽内的卫生。饮用水器内常因落入饲料、口鼻分泌物、粪便和尘埃而使饮用水不洁，长期不清洗，易在饮用水器底部形成厚厚的水垢，这些都是传播疫病的潜在危险。所以，必须经常对水槽或饮用水器进行清洗消毒。

（4）垫料要定期更换，粪便要定期做无害化处理，病死鹅经诊断后应及时焚烧或深埋，防止病原微生物的滋生、蔓延。

（5）控制传染病的活体媒介和寄生虫病的中间宿主。

（五）制定切实可行的卫生防疫制度

制定切实可行的卫生防疫制度，使养鹅场的每个员工严格按照制度进行操作，保证卫生防疫和消毒工作落到实处。卫生防疫制度主要包括以下内容。

（1）养殖场生产区和生活区分开，入口处设置消毒池，场内设置专门的隔离室和兽医室。场周围要有防疫墙或防疫沟，只设置一个大门入口控制人员和车辆物品进入。设置人员消毒室，消毒室内设置淋浴装置、熏蒸衣柜和场区工作服。

（2）进入生产区的人员必须淋浴，换上清洁消毒好的工作衣帽和靴子后方可进入，工作服不准穿出生产区，定期更换清洗消毒；进入的设备、用具和车辆也要消毒，消毒池的药液2~3天更换一次。

（3）生产区不准养犬、猫，不得将宠物带入场内。

（4）对于死亡鹅的检查，包括剖检等工作，必须在兽医诊疗室内进行，或在距离水源较远的地方检查，禁止在兽医诊疗室以外的地方解剖尸体。剖检后的尸体及病死鹅尸体，应深埋或焚烧。在兽医诊疗室解剖尸体要做好隔离消毒。

(5) 坚持自繁自养的原则。若确实需要引种，必须隔离饲养45天，确认无病并接种疫苗后方可进入生产区。

(6) 做好鹅舍和场区的环境卫生工作，定期进行清洁消毒。长年定期灭鼠，及时消灭蚊蝇，以防止疾病传播。

(7) 当某种疾病在本地区或本场流行时，要采取相应的防制措施，并按规定上报主管部门，采取隔离、封锁措施。做好发病时鹅的隔离、检疫和治疗等工作，控制疫情范围，做好病后的净化消毒工作。

(8) 本场外出的人员和车辆必须经过全面消毒后方可回场。运送饲料的包装袋，回收后必须经过消毒方可再利用，以防止污染饲料。

(9) 做好疫病的免疫接种工作。卫生防疫制度应该涵盖较多方面的工作，如隔离卫生工作、消毒工作和免疫接种工作。所以，制定卫生防疫工作制度要根据本场的实际情况尽可能做到全面、系统，易于执行和操作，做好管理和监督，保证一丝不苟地落实好。

第三节　杀虫与灭鼠

鹅场进行杀虫、灭鼠以消灭传染媒介和传染源，也是防疫的一个重要内容。鹅舍附近的垃圾、污水沟、乱草堆，常是昆虫、老鼠滋生的场所，因此要经常清除垃圾、杂物和乱草堆，搞好鹅舍外的环境卫生，对预防某些疫病具有十分重要的实际意义。

一、杀虫

某些节肢动物如蚊、蝇、虻等和体外寄生虫如螨、虱、蚤等生物，不但骚扰正常的鹅，影响生长和产蛋，而且还携带病原体，直接或间接传播疾病。因此，要设法杀灭。

杀虫先做好灭蚊蝇工作。保持鹅舍的良好通风，避免饮用水器漏水，经常清除粪尿，减少蚊蝇繁殖的机会。

使用蝇毒磷（0.02%~0.05%）等杀虫药，每月在鹅舍内外和蚊蝇滋生的场所喷洒2次。黑光灯是一种专门用来灭蝇的装于特制金属盒里的电光灯，灯光为紫色，苍蝇因有趋向这种光的特性而向黑光灯飞扑，当它们触及带有负电荷的金属网即被电击而死。

二、灭鼠

老鼠在藏匿条件好、食物充足的情况下，每年可产6~8窝幼仔，每窝4~8只，一年可以猛增几十倍，繁殖速度快得惊人。养鹅场的小气候适于鼠类生长，众多的管道孔穴为老鼠提供了躲藏和居住的条件，鹅的饲料又为它们提供了丰富的食物，因而一些对鼠类失于防范的鹅场，往往老鼠很多，危害严重。养鹅场的鼠害主要表现在四个方面：一是咬死咬伤鹅苗；二是偷吃饲料，咬坏设备；三是传播疾病，老鼠是鹅新城疫、球虫病、鹅慢性呼吸道病等许多疾病的传播者；四是侵扰鹅群，影响鹅的生长发育和产蛋，甚至引起应激反应使鹅死亡。

（一）建鹅场时要考虑防鼠设施

墙壁、地面、屋顶不要留有孔穴等可供鼠类隐蔽处所，水管、电线、通风孔道的缝隙要塞严，门窗的边框要与周围接触严密，门的下缘最好用铁皮包裹，水沟口、换气孔要安装孔径小于3 cm的铁丝网。

（二）随时注意防止老鼠进入鹅舍

发现防鼠设施破损要及时修理。鹅舍不要有杂物堆积。出入鹅舍随手关门。在鹅舍外留出至少2 m的开放地带，便于防鼠。因为鼠类一般不会穿越如此宽的空间，不能无限度地扩大两栋鹅

舍间的植物绿化带，鹅舍周围不种植植被或只种植低矮的草，这样可以确保老鼠无处藏身。清除场区的草丛、垃圾，不给老鼠留有藏身条件。

（三）断绝老鼠的食源、水源

饲料要妥善保管，喂鹅抛撒的饲料要随时清理。切断老鼠的食源、水源。

（四）灭鼠

灭鼠要采取综合措施，使用捕鼠夹、捕鼠笼、粘鼠胶等捕鼠方法和应用杀鼠剂灭鼠。

杀鼠剂可选用敌鼠钠盐、杀鼠灵等，其中敌鼠钠盐、杀鼠灵对鹅毒性较小，使用比较安全。毒饵要投放在老鼠出没的通道，长期投放效果较好。

敌鼠钠盐价格比较便宜，对鹅比较安全。老鼠中毒后行动比较困难时仍然继续取食，一般老鼠食用毒饵后三四天内安静地死去。要及时清除死鼠。敌鼠钠盐可溶于乙醇、沸水，配制0.025%毒饵时，先取0.5 g敌鼠钠盐溶于适量的沸水中（水温不能低于80 ℃），溶解后加入0.01%糖精或2%~5%白糖，加入食用油效果更好，同时加入警戒色，再泡入1 kg饵料（大米、小麦、玉米糁、红薯丝、胡萝卜丝、水果等均可），而后搅拌均匀，阴干；过一段时间再搅拌，使饵料吸收药液，待药液全部吸收后晾干即成。毒饵现用现配效果更好，如上午投放毒饵，要在前一天下午拌制；下午投放毒饵，可在当天早晨拌制。

在我国南方，为防稻谷发芽发霉，可将敌鼠钠盐的乙醇溶液用谷重25%的沸水稀释后浸泡稻谷，到药液全部吸收为止，效果良好。

三、控制鸟类

鸟类与鼠类相似，不但偷食饲料、骚扰鹅群，还能传播大量疫病，如新城疫、禽流感等。控制鸟类对防制鹅传染病有重要意义。控制鸟类的主要措施是在圈舍的窗户、换气孔等处安装铁丝网或纱窗，以防止各种鸟类的侵入。

第四节　做好药物预防

科学合理用药是防制传染病的有力补充，应用药物预防和治疗也是增强机体抵抗力和防制疾病的有效措施，尤其是对尚无有效疫苗可用或免疫效果不理想的细菌病，如沙门菌病、大肠杆菌病、浆膜炎等。

一、用药目的

（一）预防性投药

当鹅群存在以下应激因素时需预防性投药。

1. 环境应激

季节变换，环境突然变化，温度、湿度、通风、光照突然改变，有害气体超标等。

2. 管理应激

包括免疫、转群、换料、缺水、断电等。

3. 生理应激

雏鹅抗体空白期、开产期、产蛋高峰期等。

（二）条件性疾病的治疗

当鹅群因饲养管理不善，发生条件性疾病时，如大肠杆菌病、沙门菌病、浆膜炎等，及时针对性地投放敏感药物，使鹅群在最短时间内恢复健康。

（三）控制疾病的继发感染

任何疫病都是严重的应激危害因素，可诱发其他疾病同时发

生，如鹅群发生病毒性疾病、寄生虫病、中毒性疾病等，易造成抵抗力下降，容易继发条件性疾病，此时通过预防性药物，可有效降低损失。

二、药物的使用原则

（一）预防为主、治疗为辅

要坚持预防为主的原则。制定科学的用药程序，做好药物预防、驱虫等工作。有的传染病只能早期预防，不能治疗，要做到有计划、有目的、适时使用疫（菌）苗进行预防，及时做好疫（菌）苗的免疫注射，做好疫情监测。尽量避免蛋鹅发病用药，确保鹅蛋健康安全、无药物残留。必要时可添加作用强、代谢快、毒副作用小、残留最低的非人用药品和添加剂，或以生物制剂作为治病的药品，控制疾病的发生发展。

要坚持治疗为辅的原则。确需治疗时，在治疗过程中，要做到合理用药、科学用药、对症下药、适度用药，只能使用通过认证的兽药和饲料厂生产的产品，避免产生药物残留和中毒等不良反应。尽量使用高效、低毒、无公害、无残留的“绿色兽药”，不得滥用药物。

（二）确切诊断，正确掌握适应证

对于养鹅生产中出现的各种疾病要正确诊断，了解药理，及时治疗，对症下药，标本兼治。目前养鹅生产中的疾病多为混合感染，极少是单一疾病，因此要合理联合用药，除了用主药，还要用辅药，既要对症，还要对因。

对那些不能及时确诊的疾病，用药时应谨慎。由于目前鹅病太多、太复杂，疾病的临床症状、病理变化越来越不典型，混合感染，继发感染增多，很多病原发生抗原漂移、抗原变异，病理材料无代表性，加上诊病人员经验不足等原因，鹅群得病后不能及时确诊的现象比较普遍。在这种情况下应尽量搞清是细菌性疾病、病毒性疾病、营养性疾病还是其他原因导致的疾病，只有这样才能在用药时不会出现较大偏差。在没有确诊时用药时间不宜过长，用药 3~4 天无效或效果不明显时，应尽快停（换）药进行确诊。

（三）剂量适度，疗程要足

剂量过小，达不到预防或治疗效果；剂量过大，造成浪费、增加成本、药物残留、中毒等。同一种药物不同的用药途径，其用药剂量也不同。同一种药物用于治疗的疾病不同，其用药剂量也应不同。用药疗程一般 3~5 天，一些慢性疾病，疗程应不少于 7 天，以防复发。

（四）用药方式不同，其方法不同

拌料给药要采用逐级稀释法，以保证混合均匀，以免局部药物浓度过高而导致药物中毒。同时注意交替用药或穿梭用药，以免产生耐药性。

（五）注意并发症，有混合感染时应联合用药

现代鹅病的发生多为混合感染，并发症比较多，在治疗时经常联合用药，一般使用两种或两种以上药物，以治疗多种疾病，如治疗鹅呼吸道疾病时，抗生素应结合抗病毒的药物同时使用，效果更好。

（六）根据不同季节、日龄与发育特点合理用药

冬季防感冒，夏季防肠道疾病和热应激。夏季饮用水量大，饮用水给药时要适当降低用药浓度，而冬季采食量小，拌料给药时要适当增加用药浓度。育雏、育成、产蛋期要区别对待，选用适宜不同时期的药物。

（七）接种疫苗期间慎用免疫抑制药物

鹅只在免疫期间，有些药物能抑制鹅的免疫效果，应慎用，如磺胺类、四环素类等。

（八）用药时辅助措施不可忽视

因许多疾病是因管理不善造成的条件性疾病，如大肠杆菌病、寄生虫病、葡萄球菌病等，在用药的同时还应加强饲养管理，做好日常消毒工作，保持良好的通风，保证适宜的密度、温度和光照，只有这样才能提高总体治疗效果。

（九）根据养鹅生产的特点用药

鹅只对磺胺类药的平均吸收率较其他动物要高，故不宜用量过大或时间过长，以免造成肾脏损伤。鹅只缺乏味觉，故对苦味药、食盐颗粒等照食不误，易引起中毒。鹅只有丰富的气囊，气雾用药效果更好。鹅只无汗腺，用解热镇痛药抗热应激，效果不理想。

（十）对症下药的原则

不同的疾病用药不同，同一种疾病也不能长期使用同一种药物进行治疗，最好通过药敏试验有针对性地投药。

同时，要了解目前临床上常用药和敏感药。目前常用的药物有抗大肠杆菌、沙门菌药，抗病毒中药，抗球虫药等，选择药物时应根据疾病类型有针对性地使用。

三、常用的给药途径及注意事项

（一）拌料给药

给药时，可采用分级混合法，即把全部的药拌加到少量饲料中（俗称“药引子”），充分混匀后再拌加到计算所需的全部饲料中，最后把饲料来回折翻最少 5 次，以达到充分混匀的目的。

拌料给药时，严禁将全部药量一次性加入到所需饲料中，以免造成混合不匀而导致鹅群中毒或部分鹅只吃不到药物。

（二）饮用水给药

选择可溶性较好的药物，按照所需剂量加入水中，搅拌均匀，让药物充分溶解。对不容易溶解的药物可采用适当加热或搅拌的方法，促进药物溶解。

饮用水给药方法简便，适用于大多数药物，特别是能发挥药物在胃肠道内的作用。药效优于拌料给药。

（三）注射给药

注射给药分皮下注射和肌内注射两种方法。注射给药药物吸收快，血药浓度迅速升高，进入体内的药量准确，但容易造成组织损伤、疼痛、潜在并发症，不良反应出现迅速，一般用于全身性感染疾病的治疗。

应当注意，刺激性强的药物不能做皮下注射；药量多时可分点注射，注射后最好用手对注射部位轻度按摩；肌内注射多在腿部，注射时要做到轻、稳、不宜太快，用力方向应与针头方向一致，勿将针头刺入大腿内侧，以免造成瘫痪或死亡。

（四）气雾给药

将药物溶于水中，并用专用的设备进行气化，通过鹅的自然呼吸，使药物以气雾的形式进入体内。该法适用于呼吸道疾病给药，对鹅舍环境条件要求较高，适合于急慢性呼吸道病等的治疗。

因呼吸系统表面积大，血流量多，肺泡细胞结构较薄，故气雾给药药物极易被吸收，特别是可以直接进入其他给药途径不易到达的气囊。

第五节　发生传染病时的紧急处置

传染病的一个显著特点是具有潜伏期，病程的发展有一个过程。由于鹅群中个体体质的不同，感染的时间也不同，临床症状表现有早有晚，总是部分鹅只先发病，然后才是全群发病。因此，饲养人员要勤于观察，一旦发现传染病或疑似传染病，需尽

快进行紧急处理。

一、封锁、隔离和消毒

一旦发现疫情，应将病鹅或疑似病鹅立即隔离，指派专人管理，同时向养鹅场所有人员通报疫情，并要求所有非必须人员不得进入疫区和在疫区周围活动，严禁饲养员在隔离区和非隔离区之间来往，使疫情不致扩大，有利于将疫情限制在最小范围内就地消灭。在隔离的同时，一方面立即采取消毒措施，对鹅场门口、鹅场道路、鹅舍门口、鹅舍内及所有用具都要彻底消毒，对垫草和粪便也要彻底消毒，对病死鹅要做无害化处理；另一方面要尽快做出诊断，以便尽早采取治疗或控制措施。最好请兽医师到现场诊断，本场不能确诊时，应将刚死或濒死期的鹅，放在严密的容器中，立即送有关单位进行确诊。当确诊或怀疑为严重疫情时，应立即向当地兽医部门报告，必要时采取封锁措施。

治疗期间，最好每天消毒 1 次。病鹅治愈或处理后，再经过一个该病的潜伏期的时限，再进行 1 次全面的大消毒，之后才能解除隔离和封锁。

二、紧急免疫接种

紧急免疫接种是指某些传染病暴发时，为了迅速控制和扑灭该病的流行，对疫区和受威胁区的鹅进行的应急性免疫接种。紧急免疫接种应根据疫苗或抗血清的性质、传染病发生及其流行特点进行合理的安排。

接种后能够迅速产生保护力的一些弱毒苗或高免血清，可以用于急性病的紧急接种，因为此类疫苗进入机体后，往往经过 3~5 天机体便可产生免疫力，而高免血清则在注射后能够迅速分布于机体各部。

由于疫苗接种能够激发处于潜伏期感染的动物发病，且在操作过程中容易造成病原体在感染动物和健康动物之间的传播，因此为了提高免疫效果，在进行紧急免疫接种时，应首先对动物群进行详细的临床检查和必要的实验室检验，以排除处于发病期和感染期的动物。

多年来的临床实践证明，在传染病暴发或流行的早期，紧急免疫接种可以迅速建立动物机体的特异性免疫，使其免遭相应疾病的侵害。在紧急免疫时需要注意，必须在疾病流行的早期进行；尚未感染的动物既可使用疫苗，也可使用高免血清或其他抗体预防；但感染或发病动物则最好使用高免血清或其他抗体进行治疗；必须采取适当的防范措施，防止操作过程中由人员或器械造成的传染病蔓延和传播。

三、药物治疗

治疗的重点是病鹅和疑似病鹅，但对假定健康鹅的预防性治疗亦不能放松。治疗应在确诊的基础上尽早进行，这对及时消灭传染病、阻止其蔓延极为重要，否则会造成严重后果。

有条件时，在采用抗生素或化学药品治疗前，最好先进行药敏实验，选用抑菌效果最好的药物，并且首次剂量要大，这样效果较好。

不少中草药对某些疫病具有相当好的疗效，而且不产生耐药性，无毒、副作用，现已在鹅病防制中占相当地位。

四、护理和辅助治疗

鹅在发病时，由于体温升高、精神呆滞、食欲降低、采食和饮用水减少，造成病鹅摄入的蛋白质、糖类、维生素、矿物质水平等低于维持生命和抵御疾病所需的营养需要，因此必要的护理和辅助治疗有利于疾病的转归。

适当提高舍温，勤在鹅舍内走动，勤搅拌料槽内饲料，改善

饲料适口性等，促进鹅群采食和饮水。

依据实际情况，适当改善饲料中营养物质的含量或在饮用水中添加额外的营养物质。适当增加饲料中能量饲料（如玉米）和蛋白质饲料的比例，可以弥补食欲降低所减少的营养摄入量。增加饲料中维生素A、维生素C和维生素E的含量，对于提高机体对大多数疾病的抵抗力均有促进作用。增加饲料维生素K，对各种传染病引起的败血症和球虫病等引起的肠道出血都有极好的辅助治疗作用。另外，在疾病期间鹅对核黄素的需求量可比正常时高10倍，对其他B族维生素（烟酸、泛酸、维生素B_1、维生素B_{12}）的需要量为正常的2~3倍。因此，在疾病治疗期间，适当增加饲料中维生素或在饮用水中添加一定量的速补-14或其他多维电解质一类的添加剂极为必要。

第三章　鹅场的免疫

第一节　鹅场常用疫苗

一、疫苗的概念

疫苗是预防和控制传染病的一种重要工具，只有正确使用才能使机体产生足够的免疫力，从而达到抵御外来病原微生物的侵袭和致病作用的目的。就鹅苗用疫苗而言，在使用过程中必须要了解下面有关常识。

疫苗仅用于健康鹅苗群的免疫预防，对已经感染发病的鹅苗，通常并没有治疗作用，而且紧急预防接种的免疫效果不能完全保证。

必须制定正确的免疫程序。由于鹅苗的品种、日龄、母源抗体水平和疫苗类型等因素不尽相同，使用疫苗前最好跟踪监测以掌握鹅苗群的抗体水平与动态，或者参照有关专家、厂家推荐的免疫程序，然后根据具体情况，会同有经验的兽医师制定免疫程序。

二、正确接种疫苗

（一）确保疫苗的质量

所采购疫苗应确保有满意的效果，超过有效期或失效的疫苗不能使用。疫苗运送和保存过程中，要防止温度过高和直接暴晒。冻干活疫苗长期置于高温环境，亦可能成为普通死苗，影响免疫效果。一般冻干活疫苗保存在-15 ℃以下，其保存期为1~2年；0~4 ℃，保存期为8个月；25 ℃保存期不超过15天。同时，冻干苗不可反复冻融，油乳剂疫苗应保存在4~8 ℃的环境下，不可冻结成油水分层。

（二）稀释疫苗要恰当

有些疫苗在稀释时要使用专用的稀释液，不能用其他稀释液替代。对于无特殊要求的疫苗，可用灭菌生理盐水、蒸馏水或冷开水稀释。稀释液不得含任何消毒剂及消毒离子，不得用富含氯离子的自来水和带有病原微生物的井水直接稀释疫苗，如必须使用应煮沸后充分冷却再用。

（三）合理组织接种时间

鹅疫苗的免疫接种时间是由传染病的流行和鹅群的实际抗体水平决定的。免疫接种前，首先要确定鹅群是健康的，同时应根据母源抗体状况确定首免日龄。有条件的鹅场，最好能进行抗体水平的监测。

（四）防止疫苗之间相互影响

鹅苗一生中要接种多种疫苗，几种疫苗一起运用，或接种时间相近时，有时会发生干扰现象，要注意尽量避免。一般不要多种疫苗同时接种，也不能多种疫苗随便混用，以免产生疫苗间的相互干扰或失去免疫作用。一般初免时要用毒力弱的疫苗，二免、三免时可用毒力较强的疫苗。

（五）慎用药物

在免疫的前后2天不要用消毒药、抗生素等，否则会杀死活疫苗，破坏灭活疫苗的抗原性。另外，某些抗生素等药物会影响机体淋巴细胞免疫功能，因而免疫前后要谨慎用药。

（六）减轻免疫应激

接种疫苗后要加强对鹅群的饲养管理，减少应激因素对鹅苗的影响。在接种疫苗前后1周内，不要组织转群，不要断水。保持舍内温湿度适宜，空气新鲜、环境安静，将有利于抗体发生作用。

为防止和减轻免疫反应，免疫期间可添加一些抗应激药物，如水溶性多维等。

三、鹅场常用疫苗及其使用方法

（一）小鹅瘟疫苗

1. 小鹅瘟雏鹅疫苗

本品采用鹅胚多次传代获得的小鹅瘟弱毒株，经接种12~14日龄鹅胚，收获感染的鹅胚囊液，加入适量的保护剂，经冷冻真空干燥制成。本品呈乳白色海绵状疏松团块，加稀释液后迅速溶解，用于预防雏鹅小鹅瘟。

该疫苗适用于未免疫种鹅的后代雏鹅或种鹅免疫后产蛋已达到7~8批次以上的雏鹅的紧急预防接种。使用时按瓶签注明剂量，即按1∶100倍稀释，给出壳后24小时以内的雏鹅皮下注射0.1 mL，接种后7天产生免疫力。疫苗放置在-15 ℃以下冷冻保存，有效期18个月以上。

2. 小鹅瘟鹅胚化弱毒疫苗

用于预防中雏鹅小鹅瘟。注射疫苗5~7天即可产生免疫力，免疫期为6~9个月。使用时按瓶签注明的剂量，加生理盐水或灭菌纯化水按1∶200倍稀释，20日龄以上鹅肌内注射1 mL。

3. 小鹅瘟鹅胚弱毒疫苗（种鹅苗）

本品采用小鹅瘟鹅胚弱毒株接种12~14日龄鹅胚后，收获72~96小时死亡的鹅胚尿囊液，加适量保护剂，经冷冻真空干燥制成，呈乳白色海绵状疏松团块，加稀释液后迅速溶解。本品可供产蛋前的留种母鹅主动免疫，雏鹅通过被动免疫，预防小鹅瘟。

临用前，用灭菌生理盐水按1∶100倍稀释，在母鹅产蛋前半个月注射本疫苗，每只成年种鹅肌内注射1 mL，可使1~7批次的雏鹅获得免疫力。放置在-15 ℃以下冷冻保存，有效期为18个月以上。雏鹅禁用。

4. 雏鹅新型病毒性肠炎-小鹅瘟-联弱毒疫苗

本疫苗专供产蛋前母鹅免疫用，免疫后使其后代获得新型病毒性肠炎和小鹅瘟的被动免疫力。雏鹅一般不使用本疫苗。在母鹅产蛋前15~30天内注射本疫苗，其后210天内所产的蛋孵出的雏鹅95%以上都能获得抵抗小鹅瘟的能力。每只母鹅每年注射2次。根据瓶装剂量，一般每瓶5 mL，稀释成500 mL，每只鹅肌内注射1 mL，稀释后的疫苗放在阴暗处，限6小时内用完。

（二）鹅副黏病毒灭活疫苗

本品采用鹅副黏病毒分离毒株，接种鹅胚，收获感染的鹅胚液，经甲醛溶液灭活，加适当的乳油制成。本品为乳白色均匀乳剂，主要用于预防鹅副黏病毒病。14~16日龄雏鹅肌内注射0.3 mL。青年鹅和成年鹅，肌内注射0.5 mL。免疫力为6个月。放置在4~20 ℃保存，勿冻结，保存期1年。

（三）禽霍乱菌苗

1. 禽霍乱弱毒菌苗

本菌苗用禽巴氏杆菌C190E40弱毒株接种适合本菌的培养基培养，在培养物中加保护剂，经冷冻真空干燥制成，为褐色海绵状疏松团块，易与瓶壁脱离，加稀释液后迅速溶解成均匀混悬液。本品主要用于预防家禽（鸡、鸭、鹅）的禽霍乱。使用时，按瓶签上注明的羽份，加入20%氢氧化铝胶生理盐水稀释并摇匀。3月龄以上的鹅，每只肌内注射0.5 mL，免疫期3~5个月。放置在25 ℃以内保存，有效期为1年。

注意病、弱鹅不宜注射，稀释后必须在8小时内用完。在此期间不能使用抗菌药物。

2. 禽霍乱油乳剂灭活菌苗

本品采用抗原性良好的鹅源A型多杀性巴氏杆菌菌种接种于适宜培养基培养，经甲醛溶液灭活，加适当的乳油制成，为乳白色均匀乳剂，久置后发生少量白色沉淀，上层为乳白色液体。本品主要用于预防禽霍乱。该苗为2月龄以上的鹅使用，肌内注射0.5~1 mL，免疫期6个月。注射期间可以使用抗菌药物。本菌苗在2~15 ℃保存，有效期为1年。

3. 禽霍乱组织灭活菌苗

本品采用人工感染发病死亡或自然发病死亡的鸭、鹅等家禽的肝、脾等脏器，也可采用人工接种死亡的鹅胚、鸭胚的胚体，捣碎匀浆，加适量生理盐水，制成的滤液过滤后，经甲醛溶液灭活，置37 ℃温箱作用制备而成。本品为呈灰褐色的液体，久置后稍有沉淀，注射前先摇匀。本品主要用于预防禽霍乱，用于2个月以上鹅，每只肌内注射2 mL。免疫期3个月。放置在4~20 ℃保存，勿冻结，保存期1年。

4. 禽霍乱氢氧化铝菌苗

本菌苗供2月龄以上的鹅预防禽霍乱之用。一般有不良反应，对产蛋鹅可能短期内影响产蛋，10天左右可恢复正常。使用时将菌苗充分摇匀后，2月龄以上的鹅每只肌内注射2 mL，注射部位可选择胸部、翅根部或大腿部肌肉丰满处。第1次注射后8~10天进行第2次注射，可增加免疫力。注射本菌苗后14天左右产生免疫力，免疫期为3个月。

5. 鹅巴氏杆菌蜂胶复合佐剂灭活苗

本灭活苗免疫期较长，不影响产蛋，有毒副作用。使用前和使用中将菌苗充分摇匀。1 月龄左右的鹅每只肌内注射 1 mL。注射后 5~7 天产生免疫力，免疫期为 6 个月。在鹅巴氏杆菌病暴发时期，本菌苗与抗生素等药物同时应用，可控制疫情。

（四）鹅蛋子瘟灭活菌苗

本菌苗采用免疫原性良好的鹅体内分离的大肠杆菌菌株接种于适宜的培养基培养，经甲醛溶液灭活后，加适量的氢氧化铝胶制而成。本品主要用于预防产蛋母鹅的卵黄性腹膜炎，即蛋子瘟。种鹅产蛋前半个月注射本疫苗，每只胸部肌内注射 1 mL。免疫期 4 个月左右。放置在 10~20 ℃阴冷干燥处保存，有效期 1 年。

（五）鸭瘟鹅胚化弱毒疫苗

本品采用鸭瘟鹅胚化弱毒株接种鹅胚或鹅胚成纤维细胞，收获感染的鹅胚尿囊液、胚体及绒毛尿囊膜研磨或收获细胞培养液，加入适量保护剂，经冷冻真空干燥制成。组织苗呈淡红色，细胞苗呈乳白色，均匀海绵状疏松团块，易与瓶壁脱离，加入稀释液后迅速溶解成均匀的混悬液。本品用于预防鸭和鹅的鸭瘟。使用时，按瓶签注明的剂量，加生理盐水或灭菌蒸馏水按 1∶200 倍稀释，20 日龄以上鸭或鹅肌内注射 1 mL。注射疫苗 5~7 天，即可产生免疫力，免疫期为 6~9 个月。放置在-15 ℃以下保存，有效期为 18 个月。

四、疫苗接种的方法

鹅免疫接种的方法可分为群体免疫法和个体免疫法。群体免疫法是针对群体进行的，主要有经口免疫法（喂食免疫、饮用水免疫）、气雾免疫法等。这类免疫法省时省工，但有时效果不够理想，免疫效果参差不齐，特别是雏鹅更为突出。个体免疫法是针对每只鹅逐个地进行的，包括滴鼻、点眼、涂擦、刺种、注射接种法等。这类方法免疫效果明显，但费时费力，劳动强度大。

不同种类的疫苗接种途径（方法）有所不同，要按照疫苗说明书进行。一种疫苗有多种接种方法时，应根据具体情况决定免疫方法，既要求操作简单，经济合算，更要考虑疫苗的特性和保证免疫效果。

鹅的免疫接种方法有饮用水、喂食、滴眼滴鼻、注射（皮下注射或肌内注射）和气雾免疫等。目前，我国养鹅场的鹅群最常用的仍是注射法，个别使用滴眼滴鼻法。

（一）肌内注射或皮下注射法

肌内注射或皮下注射免疫接种的剂量准确、效果明显，但耗费劳力较多，应激较大。在操作中应注意以下事项。

（1）疫苗稀释液应是经消毒而无菌的，一般不要随便加入抗菌药物。

（2）疫苗的稀释和注射量应适当，量太小则操作时误差较大，量太大则操作麻烦，一般以每只 0.2~1 mL 为宜。

（3）使用连续注射器注射时，应经常核对注射器刻度容量和实际容量之间的误差，以免实际注射量偏差太大。

（4）注射器及针头用前均应消毒。

（5）皮下注射的部位一般选在颈部背侧，肌内注射部位一般选在胸肌或肩关节附近的肌肉丰满处。

（6）针头插入的方向和深度也应适当，在颈部皮下注射时，针头方向应向后向下，针头方向与颈部纵轴基本平行。对雏鹅的插入深度为 0.5~1 cm，日龄较大的鹅可为 1~2 cm。胸部肌内注射时，针头方向应与胸骨大致平行，雏鹅的插入深度为 0.5~1 cm，日龄较大的鹅可为 1~2 cm。

（7）将疫苗液推入后，针头应慢慢拔出，以免疫苗液漏出。

（8）在注射过程中，应边注射边摇动疫苗瓶，力求疫苗的

均匀。

(9) 在接种过程中，应先注射健康群，再接种假定健康群，最后接种有病的鹅群。

(10) 关于是否一只鹅一个针头及注射部位是否消毒的问题，可根据实际情况而定，但吸取疫苗的针头和注射鹅的针头则应绝对分开，注意卫生，以防止经免疫注射而引起疾病的传播或引起接种部位的局部感染。

(二) 滴眼滴鼻

滴眼滴鼻的免疫接种如操作得当，免疫效果比较好，尤其是对一些预防呼吸道疾病的疫苗，经滴眼滴鼻免疫效果较好。当然，这种接种方法需要较多的劳动力，对鹅也会造成一定的应激，如操作上稍有马虎，则往往达不到预期的目的。这种免疫接种在操作上应注意以下事项。

(1) 稀释液必须用蒸馏水或生理盐水，最低限度应使用冷开水，不要随便加入抗生素。

(2) 稀释液的用量应尽量准确，最好根据自己所用的滴管或针头事先滴试，确定每毫升多少滴，然后再计算实际使用疫苗稀释液的用量。

(3) 为了操作准确无误，一手一次只能抓一只鹅，不能一手同时抓几只鹅。

(4) 在滴入疫苗之前，应把鹅的头颈摆成水平的位置（一侧眼鼻朝天，一侧眼鼻朝地），并用一只手指按住向地面一侧鼻孔。

(5) 将疫苗液滴加到眼和鼻后，应稍停片刻，待疫苗液确已吸入后再将鹅轻轻放回地面。

(6) 应注意做好已接种和未接种鹅之间的隔离，以免走乱。

(7) 为减少应激，最好在晚上接种，如天气阴凉也可在白天适当关闭门窗后，在稍暗的光线下抓鹅接种。

(三) 刺种法

接种时，先按规定剂量将疫苗稀释好，用接种针或大号缝纫机针头或沾水笔尖蘸取疫苗，在翅膀内侧无血管处的翼膜刺种。

(四) 涂擦法

在鹅痘接种时，先拔掉鹅腿的外侧或内侧羽毛 5~8 根，然后用无菌棉签或毛刷蘸取已稀释好的疫苗，逆着羽毛生长的方向涂擦 3~5 下。

(五) 经口免疫法

1. 饮用水免疫法

为使饮用水免疫法达到应有的效果，必须注意：用于饮用水免疫的疫苗必须是高效价的；在饮用水免疫前后的 24 小时不得饮用任何消毒药液，最好加入 0.2%脱脂奶粉；稀释疫苗用的水最好是蒸馏水，也可用深井水或冷开水，不可使用有漂白粉的自来水。根据气温、饲料等的不同，免疫前停水 2~4 小时，夏季最好夜间停水，清晨饮用水免疫。饮用水器具必须洁净且数量充足，以保证每只鹅都能在短时间内饮到足够的疫苗。大群免疫要在第 2 天以同样方法补饮一次。

2. 喂食免疫法（拌料法）

免疫前应停喂半天，以保证每只鹅都能摄入一定的疫苗。稀释疫苗的水不要超过室温，然后将稀释好的疫苗均匀地拌入饲料。已经稀释好的疫苗进入体内的时间越短越好，因此，必须有充足的饲具并放置均匀，保证每只鹅都能吃到。

(六) 气雾免疫法

使用特制的专用气雾喷枪，将稀释好的疫苗气化喷洒在鹅只高度密集的鹅舍内，使鹅吸入气化疫苗而获得免疫。实施气雾免疫时，应将鹅只相对集中，关闭门窗及通风系统。

第二节　免疫计划与免疫程序

当前，鹅疫病多发，控制难度加大。除了要严格实施生物安全措施外，免疫接种是十分有效的防控措施。

鹅的免疫接种是用人工的方法将有效的生物制品（疫苗、菌苗）引入鹅体内，从而激发机体产生特异性的抵抗力，使其对某一种病原微生物具有抵抗力，避免疫病的发生和流行。对于种鹅，不但可以预防其自身发病，而且还可以提高其后代雏鹅母源抗体水平，提高雏鹅的免疫力。由此可见，对鹅群有计划的免疫预防接种是预防和控制传染病（尤其是病毒性传染病）最为重要的手段。

一、免疫计划的制定和操作

制定免疫计划是为了接种工作能够有计划地顺利进行，以及对外交易时能提供真实的免疫证据，每个鹅场都应因地制宜根据当地疫情的流行情况，结合鹅群的健康状况、生产性能、母源抗体水平和疫苗种类、使用要求及疫苗间的干扰作用等因素，制定出切实可行的适合于本场的免疫计划。在此基础上选择适宜的疫苗，并根据抗体监测结果及突发疾病对免疫计划进行必要的调整，提高免疫质量。

一般可根据免疫程序和鹅群的现状资料提前1周拟定免疫计划。免疫计划应该包括鹅群的种类、品种、数量、年龄、性别、接种日期、疫苗名称、疫苗数量、免疫途径、免疫器械的数量和所需人力等内容。

要重视免疫接种的具体操作，确保免疫质量。技术人员或场长必须亲临接种现场，密切监督接种方法及接种剂量，严格按照各类疫苗使用说明进行规范化操作。个体接种必须保证任何一只鹅不漏掉，每只鹅都能接受足够的疫苗量，产生可靠的免疫力，宁肯浪费部分疫苗，也绝不能有漏免鹅；注射针头最好一鹅一针头，坚决杜绝接种感染以免影响抗体效价生成。群体接种省时省力，但必须保证免疫质量，饮用水免疫的关键是保证在短时间内让每只鹅都确实地饮到足够的疫苗；气雾免疫技术要求严格，关键是要求气雾粒子直径在规定的范围内，使鹅周围形成一个局部雾化区。

二、免疫程序的制定

免疫程序是指根据一定地区或养殖场内不同传染病的流行状况及疫苗特性，为特定动物群制定的疫苗接种类型、次序、次数、途径及间隔时间。制定免疫程序通常应遵循以下原则。

（一）免疫程序是由传染病的特征决定的

由于畜禽传染病在地区、时间和动物群中的分布特点和流行规律不同，它们对动物造成的危害程度也会随时发生变化，不同时期兽医防疫工作的重点有明显的差异，需要随时调整。有些传染病流行时具有持续时间长、危害程度大等特点，应制定长期的免疫防制对策。

（二）免疫程序是由疫苗的免疫学特性决定的

疫苗的种类、接种途径、产生免疫力需要的时间、免疫力的持续期等差异是影响免疫效果的重要因素，因此在制定免疫程序时要根据这些特性的变化进行充分的调查、分析和研究。

（三）免疫程序应具有相对的稳定性

如果没有其他因素的影响，某地区或养殖场在一定时期内动物传染病分布特征是相对稳定的。因此，若实践证明某一免疫程序的应用效果良好，则应尽量避免改变这一免疫程序。如果发现该免疫程序执行过程中仍有某些传染病流行，则应及时查明原因

（疫苗、接种、时机或病原体变异等），并进行适当的调整。

三、免疫程序制定的方法和程序

目前仍没有一个能够适合所有地区或养殖场的标准免疫程序，不同地区或部门应根据传染病流行特点和生产实际情况，制定科学合理的免疫接种程序。某些地区或养殖场正在使用的程序，也可能存在某些防疫上的问题，需要进行不断地调整和改进。因此，了解和掌握免疫程序制定的步骤和方法具有非常重要的意义。

（一）掌握威胁本地区或养殖场传染病的种类及其分布特点

根据疫病监测和调查结果，分析该地区或养殖场内常发多见传染病的危害程度，以及周围地区威胁性较大的传染病流行和分布特征，并根据动物的类别确定哪些传染病需要免疫或终生免疫，哪些传染病需要根据季节或年龄进行免疫防制。

（二）了解疫苗的免疫学特性

由于疫苗的种类、适用对象、保存、接种方法、使用剂量、接种后免疫力产生需要的时间、免疫保护效力及其持续期、最佳免疫接种时机及间隔时间等不同，在制定免疫程序前，应对这些特性充分地进行研究和分析。一般来说，弱毒疫苗接种后 5~7 天、灭活疫苗接种后 2~3 周可产生免疫力。

（三）充分利用免疫监测结果

由于年龄分布范围较广的传染病需要终生免疫，因此，应根据定期测定的抗体消长规律确定首免日龄和加强免疫的时间。初次使用的免疫程序，应定期测定免疫动物群的免疫水平，发现问题要及时进行调整并采取补救措施。新生动物的免疫接种，应首先测定其母源抗体的消长规律，并根据其半衰期确定首次免疫接种的日龄，以防止高滴度的母源抗体对免疫力产生的干扰。

(四) 根据传染病发病及流行特点决定是否进行疫苗接种、接种次数及时机

发生于某一季节或某一年龄段的传染病，可在流行季节到来前2~4周进行免疫接种，接种的次数则由疫苗的特性和该病的危害程度决定。

总之，制定不同动物或不同传染病的免疫程序时，应充分考虑本地区常发多见或威胁大的传染病分布特点，疫苗类型、免疫效能和母源抗体水平等因素，这样才能使免疫程序具有科学性和合理性。

四、不同类型的鹅常用免疫程序参考

(一) 健康鹅群免疫程序

1. 雏鹅群

(1) 小鹅瘟雏鹅活苗免疫：未经小鹅瘟活苗免疫种鹅后代的雏鹅，或经小鹅瘟活苗免疫100天之后种鹅后代的雏鹅，在出壳后1~2天内应用小鹅瘟雏鹅活苗皮下注射免疫。免疫7天内须隔离饲养，防止在未产生免疫力之前因野外强毒感染而引起发病，7天后免疫的雏鹅产生免疫力，基本可以抵抗强毒的感染，不发病。免疫种鹅在有效期内其后代的雏鹅有母源抗体，不需要用活苗免疫，因母源抗体能中和活苗中的病毒，使活苗不能产生足够免疫力而导致免疫失败。

(2) 小鹅瘟抗血清免疫：在无小鹅瘟流行的区域，易感雏鹅可在1~7日龄时用同源（鹅制）抗血清，琼扩效价在1：16以上，每只皮下注射0.5 mL。有小鹅瘟流行的区域，易感雏鹅应在1~3日龄时用上述血清，每只0.5~0.8 mL。异源血清（其他动物制备）不能作为预防用，因注射后有效期仅为5天，5天后抗体很快消失。上述方法均能有效地控制小鹅瘟的流行发生。

(3) 鹅副黏病毒病灭活苗、鹅禽流感灭活苗免疫：种鹅未

经免疫后代的雏鹅或免疫3个月以上种鹅后代的雏鹅，如当地无上述两种病的疫情，可在10~15日龄时用油乳剂灭活苗免疫，每只皮下注射0.5 mL；如当地有上述两种病的疫情，应在5~7日龄时用灭活苗免疫，每只皮下注射0.5 mL。

（4）鹅出血性坏死性肝炎灭活苗、鹅浆膜炎灭活苗免疫：7~10日龄雏鹅用灭活苗免疫，每只皮下注射0.5 mL。

2. 仔鹅群

鹅副黏病毒病灭活苗、鹅禽流感灭活苗免疫：鹅副黏病毒病在第1次免疫后2个月内，鹅禽流感在第1次免疫后1个月左右，进行第2次免疫。免疫时适当加大剂量，每只鹅肌内注射1 mL。后备种鹅3月龄左右用小鹅瘟种鹅活苗免疫1次，作为基础免疫，按常规量注射。

3. 成年鹅群

（1）产蛋前免疫：

鹅卵黄性腹膜炎灭活苗或鹅卵黄性腹膜炎、禽巴氏杆菌二联灭活苗免疫：鹅群在产蛋前15天左右肌内注射单苗或二联灭活苗免疫。

鹅副黏病毒病灭活苗、鹅禽流感灭活苗免疫：鹅群在产蛋前10天左右，在另一侧肌内注射油乳剂灭活苗免疫，每只鹅肌内注射1 mL。

小鹅瘟种鹅免疫：在产蛋前5天左右，如仔鹅群已免疫过，可用常规5倍羽份小鹅瘟活苗进行第2次免疫，免疫期可达5个月之久。如仔鹅群未免疫过，按常规量免疫，免疫期仅为100天。种鹅群在产蛋前使用种鹅用活疫苗1羽份皮下注射或肌内注射，另一侧肌内注射小鹅瘟油乳剂灭活苗1羽份，免疫后15天至5个月内孵化的雏鹅均具有较高的保护率。

（2）产蛋中期免疫：

鹅副黏病毒病灭活苗、鹅禽流感灭活苗免疫：在3个月后再进行 1 次油乳剂灭活苗免疫，每羽肌内注射 1 mL。

小鹅瘟免疫：鹅群仅在产蛋前用小鹅瘟种鹅活苗免疫 1 次，在第 1 次免疫 100 天后用 2~5 羽份剂量免疫，使雏鹅群有较高的保护率，免疫期可延长 3 个月之久。

4. 商品鹅群

小鹅瘟疫苗免疫，按雏鹅群免疫方法进行；鹅副黏病毒病和鹅禽流感灭活苗免疫，按雏鹅群和仔鹅群免疫方法进行；鹅出血性坏死性肝炎和鹅浆膜炎免疫，按雏鹅群免疫方法进行。

5. 鹅的免疫程序

下列鹅的免疫程序可供参考：

1 日龄：抗小鹅瘟病毒血清 0.5 mL，皮下注射或胸肌注射（在确保母源抗体有效时可免除注射，并改用雏鹅用小鹅瘟疫苗皮下注射 0.1 mL，同时免除 7 日龄注射）。

7 日龄：雏鹅用小鹅瘟疫苗皮下注射或胸肌注射 0.1 mL（约 7 日以后产生抗体）。

14 日龄：鹅疫-鹅副黏二联油乳剂灭活苗（扬州），胸肌注射 0.3~0.5 mL。

30 日龄：禽霍乱蜂胶苗（山东滨州）胸肌注射 1 mL（对非疫区可以推迟到 60 日龄注射）。

90 日龄：鹅疫-鹅副黏二联油乳剂灭活苗（扬州），胸肌注射 0.5 mL。

160 日龄（或开产前 4 周）：种鹅用小鹅瘟疫苗，肌内注射 1 mL。

170 日龄（或开产前 3 周）：鹅疫-鹅副黏二联油乳剂灭活苗（胸肌注射 1 mL）。

180 日龄（或开产前 2 周）：鹅蛋子瘟灭活苗，胸肌注射 1 mL。

190 日龄（或开产前 1 周）：禽霍乱蜂胶苗（山东滨州），胸

肌注射 1 mL。

280 日龄（或开产后 90 日）：种鹅用小鹅瘟疫苗，肌内注射 1 mL。

290 日龄（或开产后 100 日）：鹅疫-鹅副黏二联油乳剂灭活苗，胸肌注射 1 mL。

300 日龄（或开产后 110 日）：鹅蛋子瘟灭活苗，胸肌注射 1 mL。

310 日龄（或开产后 120 日）：禽霍乱蜂胶苗（山东滨州），胸肌注射 1 mL。

蛋用种鹅的下一个产蛋季节免疫：按 160 日龄以后的程序重复进行。

说明：（1）1~3 日龄，对于有鹅新型病毒性肠炎的地区，可以使用抗雏鹅新型病毒性肠炎病毒-小鹅瘟二联高免血清 0.5 mL（或抗体 1~1.5 mL）皮下注射。160 日龄（或开产前 4 周），用雏鹅新型病毒性肠炎病毒-小鹅瘟二联弱毒疫苗肌内注射，也可以在 170 日龄（或开产前 3 周），用雏鹅新型病毒性肠炎病毒-小鹅瘟二联弱毒疫苗加强一次。280 日龄也可以使用上述联苗。

（2）不同鹅品种开产日龄不一样，因此免疫时间应进行调整，应以开产的时间为准，如四川白鹅开产 200 日龄的，可以按上述程序免疫；如果是 240 日龄的，则开产前 4 周的免疫时间应调整在 200~210 日龄进行。

（3）商品仔鹅 90 天出栏，只进行 30 日龄前的免疫；产蛋鹅第一产蛋季节可以按上述程序进行，如认为开产后 90~120 日龄注射疫苗影响产蛋时可改用药物预防；留作种鹅生产的，进入下一个产蛋季节的免疫程序，应按 160 日龄以后的程序重复进行。

（二）鹅群紧急预防

1. 雏鹅群

（1）小鹅瘟紧急预防：每只雏鹅皮下注射高效价 0.5~0.8 mL 抗血清，在血清中可适当加入广谱抗生素。

（2）鹅副黏病毒病、鹅流感紧急预防：当周围鹅群发生鹅副黏病毒病或鹅流感疫病时，健康鹅群除采取消毒、隔离、封锁等措施外，对鹅群应立即用Ⅱ号剂型灭活苗皮下注射或肌内注射 0.5 mL。

2. 其他鹅群

鹅副黏病毒病、鹅流感紧急预防：当周围鹅群发生鹅副黏病毒病或鹅流感疫病时，健康鹅群除采取消毒、隔离、封锁等措施外，对鹅群应立即注射相应疫病的Ⅱ号剂型灭活苗，而不用Ⅰ号剂型灭活苗。因Ⅰ号剂型灭活苗免疫后 15 天左右才能产生较强免疫力，而Ⅱ号剂型灭活苗免疫后 5~7 天即可产生较强免疫力，有利于提早防止鹅群被感染。每只鹅皮下注射或肌内注射 0.5~1 mL。在用Ⅱ号剂型灭活苗免疫后 1 个月再用Ⅰ号剂型灭活苗免疫，每只鹅肌内注射 1 mL。

（三）病鹅群紧急防制

1. 小鹅瘟紧急防制

雏鹅群一旦发生小鹅瘟时，立即将未出现症状的雏鹅隔离出饲养场地，放在清洁无污染场地饲养，并每只雏鹅皮下注射高效价 0.5~0.8 mL 抗血清，或 1~1.6 mL 卵黄抗体，在血清或卵黄抗体中可适当加入广谱抗生素。每只病雏鹅皮下注射高效价1 mL 抗血清或 2 mL 卵黄抗体。患病仔鹅每 500 g 体重注射 1 mL 抗血清或 2 mL 卵黄抗体。

2. 鹅副黏病毒病紧急防制

鹅群一旦发生鹅副黏病毒病时，首先应确诊。在确诊后，立即将未出现症状的鹅隔离出饲养场地，放在清洁无污染场地饲

养。除了淘汰、无害化处理病死鹅，彻底消毒饲养场地及用具外，还要采取以下措施：仔鹅、青年鹅、成年鹅，每只鹅肌内注射或皮下注射Ⅱ号剂型灭活苗 1 mL，通常在注射疫苗后 5~7 天可控制发病和死亡。在注射疫苗时应勤换针头，防止针头交叉感染而引起发病，在注射Ⅱ号剂型灭活苗后 1 个月左右再用Ⅰ号剂型灭活苗免疫。仔鹅群应注射抗血清或卵黄抗体，抗体注射 6~7 天后应注射Ⅰ号剂型灭活苗。在应用疫苗或抗体免疫时可适量使用广谱抗生素和抗病毒药物。

3. 鹅流感紧急防制

鹅群一旦发病，首先上报及确诊，并立即封锁，将病死鹅做无害化处理，彻底消毒场地及用具。将未出现症状的鹅隔离出饲养场地，放在清洁无污染场地饲养。除了雏鹅外，每只鹅肌内注射Ⅱ号剂型灭活苗 1 mL，一般在 5~7 天内可控制发病和死亡。在注射灭活苗时，应勤换针头，防止因针头污染而引起发病。在注射Ⅱ号剂型灭活苗后 1 个月，应再用Ⅰ号剂型灭活苗免疫。鹅群应用抗体紧急注射有一定效果，但 6~7 天后应注射Ⅰ号剂型灭活苗。在用灭活苗或抗体免疫时可适量使用广谱抗生素和抗病毒药物。患病的雏鹅应用灭活苗或抗体均难达到预防效果。

4. 剑带绦虫病紧急防制

鹅群放牧下水容易被感染剑带绦虫，发生剑带绦虫病。该病主要危害数周龄至 5 月龄的鹅，因此必须有计划地用药物驱虫。商品鹅群应在 1~1.5 月龄时驱虫 1 次，留种种鹅群除了 1~1.5 月龄时驱虫 1 次外，在 4~5 月龄时应再驱虫 1 次。驱虫药物有硫氯酚，每千克体重用 150~200 mg，1 次喂服；吡喹酮每千克体重 10 mg，1 次喂服；氯硝柳胺，每千克体重 50~60 mg，1 次喂服。

第三节　免疫监测与免疫失败

一、免疫接种后的观察

对鹅的机体来说，疫苗和疫苗佐剂都属于异物，除了刺激机体免疫系统产生保护性免疫应答外，或多或少地也会导致机体发生某些病理反应，如精神状态变差，接种部位出现轻微炎症，产蛋鹅的产蛋量下降等。反应强度随疫苗质量、接种剂量、接种途径及机体状况而异，一般经过几小时或 1~2 天会自行消失。活疫苗接种后还要在体内生长繁殖、扩大数量，具有一定的危险性。因此，在接种后 1 周内要密切观察鹅群反应，疫苗反应的具体表现和持续时间参看疫苗说明书，反应较重或发生反应的鹅数量超过正常比例时，需查找原因，及时处理。

二、免疫监测

在养鹅生产中，长期的血清学监测是十分必要的，这对疫苗选择、疫苗免疫效果的考察、免疫计划的执行是非常有用的。通过血清学监测，可以准确掌握疫情动态，根据免疫抗体水平科学地进行综合免疫预防。在鹅群接种疫苗前后对抗体水平的监测十分必要，免疫后的抗体水平与疾病防御紧密相关。

（一）免疫监测的目的

接种疫苗是目前防御疫病传播的主要方法之一，但影响疫苗效果的因素是多方面的，如疫苗质量、接种方法、动物个体差异、免疫前已经感染某种疾病、免疫时间及环境因素等均对抗体产生有重要影响。因此，在接种疫苗前对母源抗体的监测，以及接种后是否能产生抗体、抗体水平的监测和评价就具有重要的临

床意义和经济意义。

1. 准确把握免疫时机

在种鹅预防免疫工作中，最值得关注的就是强化免疫的接种时机问题。在两次免疫的间隔时间里，种鹅的抗体水平会随着时间逐渐下降，而在何种水平进行强化免疫是一个令人头疼的问题。因为在过高的抗体水平进行免疫，不仅浪费疫苗，增加经济成本，而且过高的抗体水平还会中和疫苗，影响疫苗的免疫效果，导致免疫失败；但是在较低的抗体水平进行免疫，又会出现抗体保护真空期，威胁种鹅的健康。试验结果证明，在进行禽流感疫苗免疫时，如果免疫对象的群体抗体滴度过高会导致免疫后抗体水平出现明显下降，抗体上升速度和峰滴度都难以达到期望的水平；免疫时群体抗体滴度低的群体的免疫效果较好。这一结果主要是由于过高的群体抗体滴度会中和疫苗中免疫抗原，导致免疫效果不佳和免疫失败。为达到较好的免疫效果，应选择在群体抗体滴度较低时进行，但考虑到过低的抗体水平（<4 log2）会影响种鹅的群体安全，所以种鹅的禽流感强化免疫应选择在群体抗体滴度为 4 log2 ~ 5 log2 时进行，这样取得的抗体效价会最好。

2. 及时了解免疫效果

应用本产品对疫苗免疫鹅群进行抗体检测，当 80%以上结果呈阳性时，该鹅群平均抗体水平较高，处于保护状态。

3. 及时掌握免疫后抗体动态

实验证明，在对鹅新城疫抗体的监测中，抗体滴度在 4 log2 鹅群的保护率为 50% 左右，在 4 log2 以上的保护率可达 90% ~ 100%；在 4 log2 以下非免疫鹅群保护率约为 9%，免疫过的鹅群约为 43%。根据鹅群 1% ~ 3% 比例抽样，抗体几何平均值达 5 log2 ~ 9 log2，表明鹅群为免疫鹅群，且免疫效果甚佳。种鹅新城疫抗体水平在 9 log2 最为理想，特别是 5 log2 以下的鹅群要考虑加强免疫，使种鹅产生坚强的免疫抗体，才能保证种鹅群的健康发展，孵化出健壮的雏鹅；对普通成年鹅群抵抗强毒新城疫的攻击的抗体效价不应小于 6 log2。

4. 种蛋检疫

卵黄抗体水平一方面能实时反映种鹅群的抗体水平及疫苗免疫效果，另一方面能为子代雏鹅免疫程序的制定提供科学依据。因此，建议有条件的养鹅场，对外购种蛋应按 0.2%的比率抽样进行抗体监测，掌握种蛋的质量，判断子代鹅群对哪些疾病具有抵抗能力，以及有可能引发的疾病流行状况，防止引进野毒造成疾病流行。

（二）监测抽样

随机抽样，抽样率根据鹅群大小而定，一般 10 000 羽以上鹅群按 0.5%抽样，1 000~10 000 羽按 1%抽样，1 000 羽以下不少于 3%。

（三）监测方法

新城疫和禽流感均可运用血凝试验（HA）和血凝抑制试验（HI）监测，具体方法参照《新城疫诊断技术》（GB/T 16550—2008）和《高致病性禽流感诊断技术》（GB/T 18936—2003）。

三、免疫失败的原因与注意事项

（一）不规范的免疫程序

鹅有一定的生长规律，要按其免疫器官的生理发育特点制定规范的免疫程序，按鹅生长的规律和特点依次进行防疫接种。雏鹅要接种雏鹅易发病的疫苗，成年鹅要接种成年鹅易发病的疫苗，各个生长期疾病不完全一样，需要接种的时间也不一样。由于地区、养鹅品种的差异，各地的免疫程序有差别，应尽量选择适宜本地区的免疫程序，按生长日期接种相应的疫苗。不按程序接种会干扰鹅体内的免疫系统，发生免疫机能紊乱而导致免疫

失败。

有些养殖场、户，自始至终使用一个固定的免疫程序，特别是在应用了几个饲养周期、自我感觉还不错的免疫程序后，就一味地坚持使用。正确的做法是应根据当地的流行病学情况和鹅场的实际情况，灵活地调整并制定适合自己鹅场的免疫程序。

没有一个免疫程序是一成不变、一劳永逸的。制定鹅场合理的免疫程序，并随时根据相应的情况加以调整。

（二）疫苗质量差

防疫效果的好坏，选择疫苗是关键环节。疫苗属生物制品，是微生物制剂，生产技术较高，条件比较苛刻，如果生产厂家不规范，生产的疫苗质量不合格，病毒含量不足，操作环节中的密封、冻干苗真空包装、辅助剂或填充剂及保存条件出现问题等，都可能造成疫苗的质量下降，接种了这种疫苗，必然导致免疫失败。

还有些疫苗肉眼看上去就有不合格的现象，如疫苗瓶破碎或瓶上有裂纹，内容物有异常的固形物，块状疫苗萎缩变小或变成粉状等，都是质量差的疫苗。

（三）疫苗运输和保存条件差

疫苗属于生物制品，运输和保存要求条件高，一般冻干苗要求冷冻在-18~-15 ℃保存，效价能维持 1 年。保存时间随着温度上升而缩短。现在使用的活菌疫苗，更需要冷冻条件运输。一般的油乳剂液体疫苗，需保存在常温 20 ℃以下阴凉处，如果在阳光下暴晒了，即便是 1 小时，也会损伤疫苗的抗原因子，质量就无法保证，就可能会造成免疫失败。

（四）选用疫苗的血清型不符

雏鹅接种种鹅疫苗，接种后会发现抗体滴度低或没有反应。另外，一个地区由于病毒的变异，会产生多个血清型，若流行的病毒血清型与接种疫苗的病毒血清型不符，则产生的抗体效果差，免疫效果不理想。

（五）疫苗剂量不足

我们平时接种的疫苗剂量一般都是按整数计算，一瓶 1 000 羽、2 000 羽或 500 羽、200 羽，每一瓶疫苗都有规定的病毒数量，也就是相应的免疫量。按照规律，可以接种比标准数量少一些的鹅，而不能接种比标准数量多的鹅。实际生产中，有时候实际接种数量超出整瓶疫苗的规定数量，某些养殖户错误地认为稍多几只没有问题，如一瓶 1 000 羽量的疫苗接种了 1 200 羽，结果接种疫苗后反而发病的数量增多，说明免疫接种剂量不足会引起免疫接种失败。

（六）疫苗过期

有些养殖户由于贪图便宜或者时间紧，购买疫苗时不仔细检查，疫苗过期，防疫接种时拿出来就用，结果鹅群用过疫苗不但起不到免疫作用，反而引发了传染病。

总之，疫苗是生物制品，选购要标准，运输保存要冷冻，接种防疫操作要认真仔细，才能防止免疫失败，保证养殖健康发展。

第四章　鹅病的诊断与给药方法

第一节　鹅病的诊断

与哺乳动物相比，鹅容易发生疾病。鹅肺脏小，连接分布于体内的气囊，一旦病原通过呼吸道进入肺脏，会由气囊扩散，导致呼吸功能受损，血氧交换出现障碍。鹅胸腔和腹腔间没有横膈膜，病原体可以沿着呼吸道传遍整个体腔。鹅淋巴系统发育不完善，淋巴结数目较少，多是散在的淋巴组织，一旦局部发病，免疫系统不能有效地将感染限制在局部，导致很快出现全身性感染。鹅没有胎盘等屏障作用，病原体易从母体进入卵中形成垂直传播。产卵要经过泄殖腔，卵在产出、存放、孵化过程中容易受到微生物入侵。鹅在活动过程中，水体系统受到粪便和分泌物污染，成为病原体的承载物（图 4-1），可将感染扩大。

鹅一旦发生疾病，就要及时进行诊断，采取治疗和预防手段，尽可能地挽救鹅只生命和减少经济损失。

一、询问病史

对于兽医来讲，每一次接触新病例都是考试。考试的第一关是口试，即问诊。通过向畜禽主询问发病情况，可以收集到很多有用的资料，对该病做一个大致判断，为下一步诊断指明方向。

图 4-1 鹅活动的水体，有时成为病原体的载体

有经验的兽医甚至通过畜禽主叙述，就可以确诊。问诊了解的过程应在互相信任的气氛中，如聊天一样轻松地交流，这样才能得到第一手真实材料。

（一）问鹅场概况

养鹅场的历史，饲养鹅的种类，饲养量和上市量，经济效益，工作人员文化程度和来源等。鹅的地理位置，周围环境，附近是否有鹅场。

（二）问场内布局

鹅场内各种建筑物的布局，宿舍、育雏区、种鹅区、孵化房、对外部门位置及彼此间的距离。鹅舍的长度、跨度、高度，所用材料及建筑结构；开放式或是密闭式，如何通风、保温和降温；舍内的卫生状况如何，不同季节舍内的温度、湿度如何；采用何种照明方式；是否有运动场等。

（三）问饲养方式

是地面平养还是离地网养或笼养，或是放牧为主。牧地是否放养过有病的鹅群，是否施放过农药等。平养的垫料是否潮湿，采用哪种饲槽和饮用水器，如何供料、供水，粪便和垫料如何清

理等。饲料是自配还是从厂家购买，其质量如何，是粉料还是谷粒料或颗粒料，是干喂还是湿喂；是自由采食还是定时供应，是否有限饲，饲料是否有霉变结块等。饮用水来源和卫生标准，水源是否充足，是否缺水、断水。

（四）问孵化育雏

孵化房的位置，孵化房内温度和湿度是否恒定，幼雏合格率怎样。育雏是采用多层笼还是单层平养，是地下保温还是地上保温，热源是电还是煤气、煤、柴或炭；种苗来源、运输过程是否有失误，何时开始饮用水和开食，何时断喙。

（五）问每日管理

鹅群逐日的生产记录，包括饮用水量、食料量、死亡数和淘汰数，一月龄的育成率；平均体重、肉料比，蛋鹅或后备鹅的育成率、体重、均匀度及与标准曲线的比较，母鹅开产周龄，产蛋率、蛋重及与标准曲线的比较等。

（六）问鹅场病史

曾经发生过什么疾病，有何种部门做过何种诊断，采用过什么防制措施，效果如何。本次发病鹅的种类、群数、主要症状及病理变化，做过何种诊断和治疗，效果如何。

（七）问免疫接种

按计划应接种的疫苗种类和时间，实际完成情况，是否有漏免疫；疫苗的来源、厂家、批号，有效期及外观质量如何，免疫效果如何，是否进行免疫监测，可能引起免疫失败的原因等。

（八）问使用药物情况

本场曾经使用过何种药物、剂量和用药时间，是逐只喂药还是群体投药，是经饮用水、饲料给药还是注射给药，用药效果如何，过去是否曾经使用过类似药物，使用该种药物时禽群是否有不正常的反应。

二、观察个体

对鹅病，尤其是重大疫病的诊断，都应到生产现场对大群进行临床检查。如仅仅从送检人员的介绍和对送检病死鹅的检测做出诊断，有时候可能会误诊，因为送检人员介绍病死鹅的症状和病变不一定准确和全面，而送检的病死鹅不一定有代表性。对禽群的临床检查包括群体检查和个体检查。

对个体有两种检查方式，一种是对一定数量的病鹅逐只进行检查，另一种是随机拦截一小群逐只进行检查，分别记录检查结果，然后做统计，看看某种症状病鹅的总数和所占的比例，这些对疾病的初步诊断很有好处。个体检查包括以下几个方面。

（一）体温的检查

病毒和细菌入侵的第一个症状是发热，鹅不能诉说，若不表现出严重症状，饲养人员不会发现，而对发热往往忽视。检查时用手掌抓住两腿或插入两翼下（图 4-2），感觉体温是否异常，然后将体温计插入肛门内，停留 10 分钟，读取体温值。兽医应该对不同品种和性别鹅的正常体温范围牢记于心，对鹅是否发热有准确的判断。

（二）皮肤检查

皮肤是鹅最大的器官，也是防御病原体入侵的第一道防线，全身和皮肤局部血液循环的状态往往会在皮肤表面颜色表现出来，因此检查个体包括：其皮肤有无异常。皮肤的弹性、颜色是否正常，是否有蓝紫色或红色斑块，是否有脓肿、坏疽、气肿、水肿、斑疹、水疱等，有无结节或蜱、虱等寄生虫，趾部皮肤鳞片是否有裂缝等（图 4-3）。

（三）眼结膜、鼻孔和泄殖腔检查

眼结膜、鼻孔和泄殖腔是与外界直接相接处的部位，是外界病原体入侵的门户，在不进行剖检时，局部和全身性的感染往往

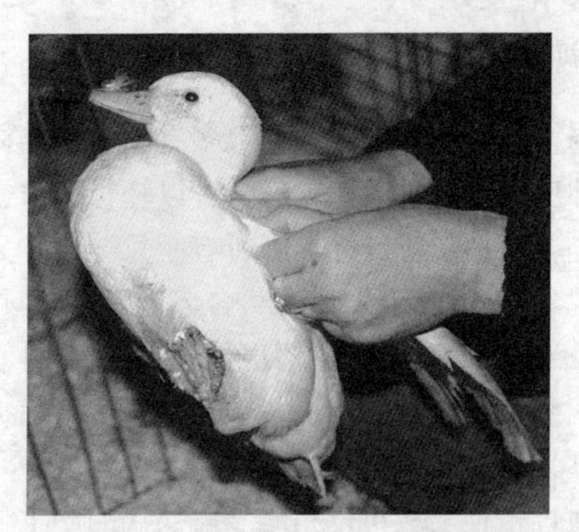

图 4-2　保定病禽，进行个体检查

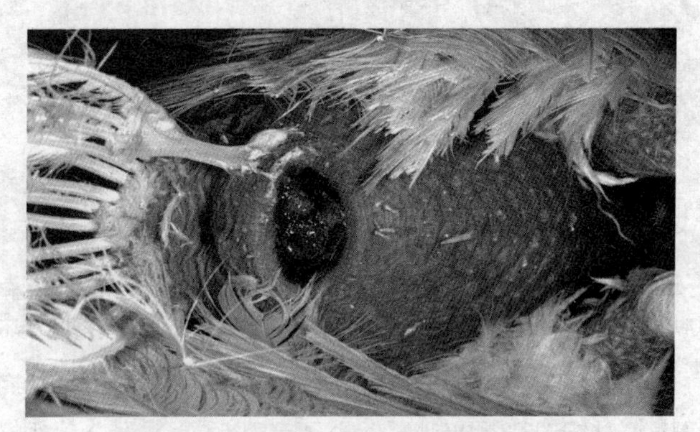

图 4-3　腹部皮肤充血，肛门发生炎症

在这些部位有所表现。检查包括：眼结膜是否苍白、潮红或黄色，眼结膜下有无干酪样物，眼球是否正常。用手指压挤鼻孔，有无黏液或脓性分泌物。用手指触摸嗉囊内容物是否过分饱满充实，是否有过多的水分或气体。翻开泄殖腔注意有无充血、出血、水肿、坏死，或假膜附着等。

三、巡视大群进行群体检查

群体检查可以帮助养殖者收集很多有用信息（图 4-4）。

一看精神反应。在进入鹅舍后，可以轻轻地敲击铁桶等小物品，此时如全群精神状态良好，则所有鹅只会停止采食、饮用水和走动，凝视片刻。而病鹅则对声响毫无反应，闭目昏睡（图 4-5）。看看无反应和反应迟钝的病鹅占多少比例。有无神经功能不正常的病鹅，如全身发抖，头颈扭曲，盲目前冲或后退，转圈运动，高度兴奋，不停走动，跛行，麻痹瘫痪，呆立昏睡，卧地不起等。通过精神反应可以粗略了解疾病的严重程度。

图 4-4 群体检查收集更多信息

图 4-5 鹅精神委顿、卧伏不起

二看采食状态。健康鹅在添加饲料时都拥挤到食槽边争食饲料，而病鹅对饲料毫无兴趣，呆立不动或啄食一下，停很久再啄食一下。

三看大群营养和发育状况。包括体质强弱、大小均匀度；鹅喙是否长有水疱、痘痂或变形；羽毛的颜色、光泽、丰满整洁度，是否有过多的羽毛折断或脱落，是否有局部或全身的脱毛或无毛，肛门附近羽毛是否有污染等。

四看眼、鼻是否有分泌物。分泌物是浆液性还是脓性；是否有眼结膜水肿，上下眼睑粘连，睑面肿胀；有无咳嗽、异常呼吸

音、张口伸颈呼吸和怪叫声，浅频呼吸，深慢呼吸；口角有无黏液、血液和过多饲料黏附。

五看食料量和饮用水量如何。嗉囊是否异常饱胀，有无排粪动作过频或困难，粪便形状及含水量，粪便中是否有饲料颗粒、黏液、血液（图 4–6），颜色为灰褐色、硫黄色、棕褐色、灰白色、黄绿色还是红色，是否有异常臭味。

图 4–6　粪便中带血

六看群发病数和死亡数。死亡时间是多在下午、夜间还是全日均匀，从发病到死亡的时间是几小时还是毫无前兆性地突然死亡等。

四、进行剖检

当通过大群和个体检查以后，对疾病的大致方向有了判定，条件允许的情况下一定要做剖检。鹅个体较小，单只经济价值较低，兽医通过剖检将问诊、个体检查和初步判断结合起来，形成对该病的整体印象。要求剖检人员对鹅基本的解剖学结构、位置、颜色、大小要知道，基本的病理学变化也要掌握，若分不清正常与异常，则不能从剖检过程中收集到有用信息。剖检病禽最好在剖检室内进行（图 4–7）。

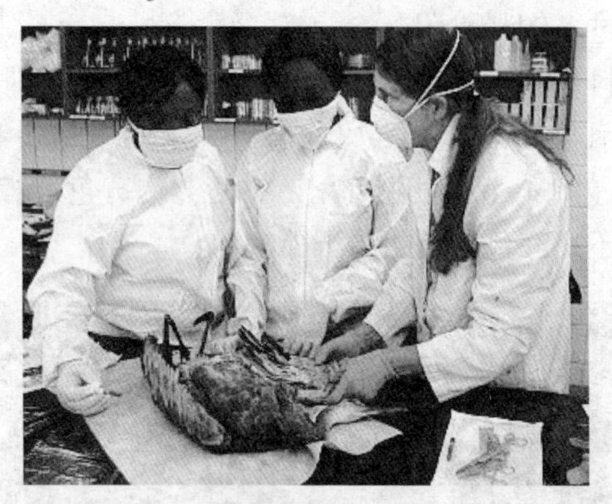

图 4–7　剖检鹅最好在剖检室内进行

（一）剖检数量

为了诊断的准确性，病理解剖应该有一定数量，一般应剖 5～10 只病死鹅，必要时也可以选择处于不同病程的鹅进行剖检，然后对病理变化进行统计、分析和比较。

（二）剖检准备

1. 场地

为防止病原体扩散，应该在专门的剖检室剖检；如果没有剖检室，应该寻找远离生产区的下风口处，在地面铺上塑料布进行剖检。

2. 器械

器械包括：手术剪、普通剪、手术刀、镊子。如果要取病料还要准备自封袋、冰袋、标本瓶、10%福尔马林固定液和保温盒等。消毒药水如 84 消毒液等。

3. 人员

做好个人防护，准确下刀，有目的地剖检。由助手做好拍照和文字记录，积累临床资料。

（三）体表检查

在未剖开死鹅前先检查其外观，羽毛是否整齐，肉髯和面部是否有痘斑或者皮疹，口、鼻、眼有无分泌物或排泄物，泄殖腔是否有粪污水或被白色粪便所阻塞，脚部皮肤是否粗糙，是否有裂缝或石灰样附着，脚底是否有趾瘤。继而将备检鹅放在搪瓷盘上，此时应注意腹部皮下的颜色，维生素 E 和硒缺乏时皮下呈蓝紫色，死亡已久引起尸绿时，腹部皮肤呈绿色，应注意区别。

（四）剖检顺序与观察内容

先用消毒药水将羽毛浸湿，将腹壁连接两侧腿部的皮肤剪开，用力将两大腿向外翻转，直至髋关节脱臼，尸体即可平稳地放在搪瓷盘上。用剪刀分别沿上述腹部的两侧切线继续向前剪至胸部，另在泄殖腔腹侧做一横的切口，使与腹部两侧切线相连接，用手在泄殖孔腹侧切口处将皮肤拉起，用力向上向前拉起，使胸腹部皮肤与肌肉完全分离。此时可检查皮下、肌肉是否有出血（图 4-8）；观察胸部肌肉的黏度、肌纤维颜色，是否有出血点或坏死斑点等。

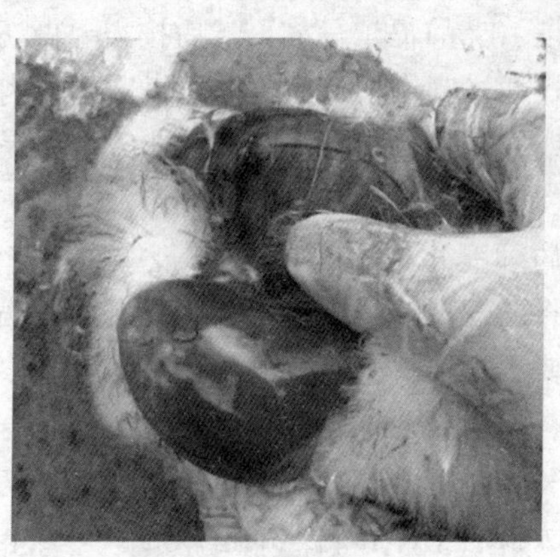

图 4-8　鹅瘟腿肌出血

在泄殖腔腹侧将腹壁横向剪开，再沿肋软骨交界处向前剪开，然后一只手压住鹅腿，另一只手握住龙骨后缘向上拉，使整个胸骨向前翻转，露出胸腔和腹腔。此时应先看气囊黏膜有无混浊、增厚或被覆渗出物等，其次注意胸腹腔内液体是否增多，体腔内的器官表面是否有干酪样或胶冻样渗出物等。

继而剪开心包膜，注意心包囊是否混浊或有纤维素性渗出物黏附，心包液是否增多，心包囊与心外膜是否粘连等；随后顺次将心脏、肝摘出，将纤胃和肌胃、胰、脾及肠管一起摘出，再取出肺和肾脏，然后对上述器官逐一进行仔细的检查。

之后用剪刀将下颌骨剪开并向下剪开食道和嗉囊，另将喉头、气管、气管叉和支气管剪开检查。最后剪开头皮，取出颅顶骨，小心地取下大脑和小脑检查。

（五）病理组织学检查

对一些需要做病理组织学检查的病例，可从上述各器官中剪取小块病料（图 4-9）待检。取材的刀剪要锋利，用镊子固定组织器官的一角，用剪刀剪下一小块，浸入固定液中固定，最常用的组织固定液是 10%的福尔马林，然后按需要做切片、染色和镜检（图 4-10）。通过制作切片，兽医从微观上对肉眼看到的病理变化进行确定或否定，这对于兽医个人业务水平提高也是至关重要的过程。

一些常见病理变化提示可能发生的禽病，在进行病理剖检时，既要不断将已发现的病理变化与可能有这一病理变化的禽病联系起来，还要不断地将病理变化与上述已经观察到的主要临床症状联系起来，然后对几种类似的疾病反复进行肯定、否定、进一步肯定、进一步否定的鉴别诊断过程，使疾病初步诊断结果越来越明朗。若大群、个体和病理剖检以后，对该病还要进一步确证和甄别，就需要从生化指标和免疫学方面进行更精确的诊断。

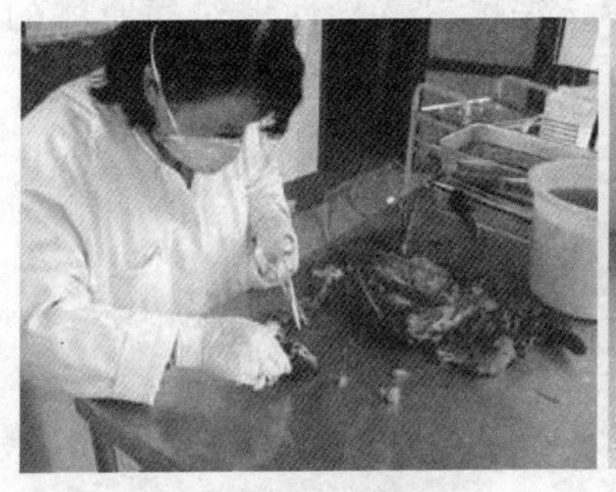

图 4-9　采取病料

图 4-10　制成切片后镜检

五、实验室诊断

（一）微生物学与药敏诊断

在对疾病的微生物学诊断中，最准确和最重要的是病原学诊断，主要看能否从病、死禽中分离到与疾病有关的病原微生物，如病毒、细菌、支原体、衣原体、真菌等。主要诊断步骤包括病料的采集、保存和送检，病料涂片镜检，病原的分离与培养，对已分离病原体的毒力和生物学特性的鉴定等。值得注意的是，在禽群中经常存在着一些疫苗毒株或与疾病无关的寄居性微生物，在病原分离时应注意进行鉴别。若能成功地分离到细菌，为了选择合适的抗生素，可以进行药敏实验，通过观察抑菌圈的大小来评估细菌对该种抗生素的敏感性，进行敏感药物的筛选（图 4-11）。

（二）血清学与分子生物学诊断

对于检测病禽体内的病原和相应抗体的存在，血清学诊断已经是成熟的方法，这种方法因多用血清作为检测对象，故称为血清学诊断。常用的血清学诊断方法包括血凝实验（HA）、血凝抑制试验（HI）、琼脂扩散实验（AGP）（图 4-12）、中和试验（NT）、补体结合试验（CF）、酶联免疫试验（ELISA）、免疫荧光抗体技术（IF）及免疫放射技术（IRA）等。常用分子生物学

方法有聚合酶联反应（PCR），该法可以特异性地对病原体的DNA扩增后进行检测。

图 4-11　药敏实验

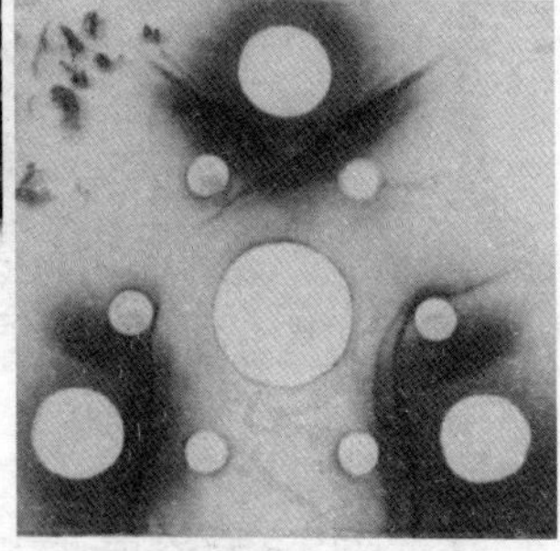
图 4-12　琼脂扩散实验

由于大多数禽群已经接种了某些疫苗，如用已知抗原检测备检禽血清时，一方面应注意分辨血清学的阳性反应是由疫苗还是由野外病原微生物引起的；另一方面，由于禽群中存在着一些疫苗株病原体或与疾病无关的微生物，如用已知的血清检测备检禽的病原体时，也应注意区分真正的病原体或与疾病无关的微生物。

（三）寄生虫学诊断

有些家禽寄生虫病临床症状和病理变化是比较明显和典型的，如球虫病、卡氏白细胞虫病等。然而，更多的家禽寄生虫病大多缺乏典型的特征，往往需要在病理剖检时对血液、皮肤、羽毛、气管及消化道内容物进行检验，发现虫卵、幼虫、原虫或成虫之后才能确诊。粪便的检查，对生前的消化道和呼吸道的若干寄生虫侵袭也有相当的诊断意义。

（四）饲料营养成分分析和毒物检验

如果怀疑是饲料中成分和比例有问题，可以委托专门的饲料检测部门对饲料进行营养成分分析。若是怀疑有毒素存在，可以由兽医药理和毒理检测实验室对可能毒物进行定性和定量检测。

六、预防性措施

总的说来，饲养者无须过多地了解每一种禽病的症状、病变和治疗的知识，明智的做法是进行良好的饲养管理，从而尽可能地减少疾病的发生。

如果忽视疾病预防措施，在利润高和禽场新建时尚可获得一定的效益，一旦利润微薄或鹅场生产维持一段时间以后，就会出现问题，顾头不顾脚，甚至难以维持正常的生产活动。因为鹅是群体、集约化的，若预防不力，发生了疫病，不但耗费大量人力、物力，即使能够挽救一些病鹅，其生产性能和经济效益也是低劣的。所以，养鹅生产中一定要以预防为主，尽量避免疾病的发生。

（一）制定制度，选对人

制定必要的操作规章和管理制度，招聘有良好的素质、责任心和自觉性的工作人员，进行岗前培训，并依照制度进行考核。

（二）选择厂址，合理分区

从防御卫生角度，鹅场应特别注意远离居民点，远离禽场、屠宰场，远离市场和交通要道，地势较高，有充足和卫生的水源。养鹅场应将生产区、销售区、行政管理区和职工生活区严格分开，并尽可能地根据不同的生产功能将生产区划分成若干个较小的、互相独立并距离较远的小区或分场，以便对疾病进行有效控制。

（三）“全进全出”，不混养

不同品种和年龄的鹅有不同的易发病，鹅场内如有几种不同龄期的鹅共存，则龄期较大的鹅群可能带来某些病原体，本身虽不发病却不断地将病原体传给同场内日龄小的敏感雏禽，引起疾病的暴发。因此，日龄档次越多，鹅群患病的机会就越大。相反，如果能做到“全进全出”，一个场内只养某一品种的同一日龄的鹅，则即使鹅到了对某些疾病的敏感期，但由于没有病原体的传入而能平安地度过，直到顺利上市。由此可知采用“全进全出”的饲养方法，发病的概率比多日龄共存的鹅场要少得多。实践证明，“全进全出”的饲养方法是预防疾病、降低成本、提高成活率和经济效益的最有效措施之一。

（四）净化环境、减少病原

如果饲养环境中没有病原体存在，就不会有鹅传染病的发生。一般来说，在新建的鹅场或鹅舍养鹅，不必花费很大精力也能取得较好的饲养效果。然而，如果不注意净化环境，第二年、第三年之后，疫病一年比一年多，药物和疫苗费用逐年上升，但饲养成绩却逐年下降，最后可能被迫停产清场。因此，一方面保持种禽无病原或者净化病原，另一方面要采取物理、化学方法对大门、生产区、鹅棚内进行常规消毒，减少环境中的病原。消毒不能流于形式，要切实落在实处。

（五）计划免疫，提前预防

免疫计划是预防鹅传染病的重要措施，没有通用的免疫程序。兽医师依照当地流行的鹅传染病种类、生产用途来拟定免疫计划进行免疫，有条件的话可以检测抗体水平，在实践中逐步调整，使免疫计划的制定贴近实际。

第二节　鹅的给药方法

不同的药物、不同的剂量，可以产生不同的药理作用，但同样的药物、同样的剂量，如果用药方法不同也可产生不同的药理效应，甚至引起药物作用性质的改变。不同的给药方法，直接影响药物的吸收速度、药效出现的时间、药物作用的程度，以及药物在体内维持和排出的时间。因此，在用药时应根据鹅的生理特

点或病理状况，结合药物的性质，恰当地选择用药方法。

一、拌料给药

这是现代集约化养禽业中最常用的一种给药途径，即将药物均匀地拌入料中，让鹅在采食过程中同时吃进药物。该法简便易行，节省人力，减少应激，效果可靠，主要适用于预防性用药，尤其适应于长期给药。对于病重的鹅，当其食欲降低时，不宜应用。拌料给药应注意如下方面。

（一）剂量准确

不随意加大和减小药物用量。

（二）混料均匀

为了保证药物混合均匀，通常采用分级混合法，即把全部用量的药物加到少量饲料中，充分混合后，再加到一定量饲料中充分混匀，然后再拌入到计算所需的全部饲料中。大批量饲料拌药时，就要更多次地逐步分级扩充，以达到充分混匀的目的。切忌把全部药量一次加入到所需饲料中，简单混合会造成部分鹅中毒而大部分鹅吃不到药物，达不到防制疾病的目的或耽误病情。

（三）注意不良作用

有些药物混入饲料后，可与饲料中的某些成分发生拮抗反应，这时应密切注意不良作用，尽量减少拌料后不良反应的发生。如饲料中长期使用磺胺类药物时，应注意B族维生素和维生素K的补充；应用氨丙啉时，应减少B族维生素的用量。

二、饮用水给药

饮用水给药也是比较常用的给药方法之一，它是将药物溶解到鹅群的饮用水中，让鹅在饮用水时饮入药物，发挥药理效应。这种方法常用于预防和治疗鹅病，尤其在鹅群发病、食欲降低而仍能饮用水的情况下更为适用。饮用水给药应注意如下方面。

（一）适当停水

为了保证鹅在一定时间内饮入定量的药物，起到预防和治疗的效果，一般寒冷季节停饮3~4小时，气温较高时停饮1~2小时。

（二）水量适宜

为了保证全群内绝大部分鹅在一定时间内都喝到一定量的药物水，要求水量适宜，不至于由于剩水过多而进入鹅体内药物剂量不够，或加水不够，饮用水不均。因饮用水量大小与鹅的品种，舍内温度、湿度、饲料性质、饲养方法等因素密切相关，所以不同鹅群在不同时期的饮用水量不尽相同。

（三）正确操作

一般地说，饮用水给药主要适用于容易溶解在水中的药物，对于一些不易溶解的药物可以采用适当的加热、加助溶剂或及时搅拌的方法，促进药物溶解，以达到饮用水给药的目的。

三、气雾给药

气雾给药是指使用能使药物气雾化的器械，将药物分散成一定直径的微粒，弥散到空间中，让鹅只通过呼吸道吸入体内或作用于鹅羽毛及皮肤黏膜的一种给药方法。该法也可用于鹅舍孵化器及种蛋等的消毒。使用这种方法时，药物吸收快，作用迅速，节省人力，但需要一定的气雾设备，且鹅舍应能密闭。气雾给药用于鹅时不能使用有刺激性的药物。应用气雾给药时应注意如下方面。

（一）恰当选择药物

应用于气雾途径给药的药物应该无刺激性，容易溶解于水，有刺激性的药物不应通过气雾给药。同时还应根据用药目的不同，选用吸湿性不同的药物。若欲使药物作用于肺部，应选用吸湿性较差的药物；欲使药物主要作用于上呼吸道，就应该选用吸湿性较强的药物。

（二）准确掌握剂量

在应用气雾给药时，不可随意套用拌料或饮用水给药浓度。为了确保用药效果，在使用气雾前应按照鹅舍空间情况及使用气雾设备要求，准确计算用药剂量，以免过大或过小而造成不应有的损失。

（三）控制雾粒大小

通过大量试验证实，进入肺部的微粒直径以 0.5~5 nm 最合适。雾粒直径大小主要是由雾化设备的设计功效和用药距离所决定。

四、体外用药

体外用药主要指对鹅场环境、用具及设备、种蛋等的消毒，以及为杀灭鹅的体表寄生虫、微生物所进行的鹅体表用药，包括喷洒、喷雾、熏蒸和药浴等不同方法。在使用体外用药时应注意以下几点。

（一）注意选择药物

根据不同的用药目的，选择不同的外用药物。目前用于鹅场及用具消毒，以及杀灭鹅体表寄生虫的药物种类繁多，但不同的药物都具有其独特的作用特点，因此，在使用时应根据用药的目的，选择一定品种药物，同时还应注意抗药性。适当调换药物，若拘泥于某几种药物，既浪费药物，又起不到一定的作用，往往还贻误时机。

紧急消毒时为杀灭病毒，可适当选用碱性消毒药，如氢氧化钠等，既经济又有效，而为了杀灭一些致病性芽孢菌，就应选用对芽孢作用较强的药物如甲醛等，而不应选用苯酚类药物。同样，如果是带鹅消毒，就应当选用对鹅刺激作用不大的一些消毒药，如过氧乙酸、百毒杀、抗毒威等，而不应选择刺激性较强的药物如甲醛、氢氧化钠等。使用体外杀虫药也是如此，应根据所要杀灭的寄生虫的特点，选择有关的药物。这样就能做到有的放

矢，收到立竿见影的效果。

（二）注意用药浓度

按照不同的作用强度，选择最佳用药浓度。常用的消毒药及杀虫药除了具有杀灭寄生虫、微生物等作用外，一般对机体都有一定毒性，且其浓度与作用强度有直接关系。超过一定的浓度，就容易引起人或鹅群中毒，因此使用时应根据用药目的，严格按照不同药物要求，选择最佳用药浓度，以达到最佳用药效果。

（三）注意用药方法

结合不同药物特性，采用适当的用药方法。不同的药物，有时尽管其作用相同，但其性质可能不同。有的易挥发，有的易吸湿，即使同一种药物，采用不同的用药方法，也可产生不同的药物效果，因此应该结合不同的药物性质特点，选择最能发挥该种药物特点的用药方法，以收到事半功倍的效果。如甲醛易挥发，刺激性强，可以利用这一特点，对密闭鹅舍或孵化器的消毒采用熏蒸法；而百毒杀等药物刺激性小，就可以进行带鹅消毒。

五、经口投服给药法

经口投服给药法简便易行、容易掌握、剂量准确，但由于药物投服后易受消化道酶和酸碱度的影响，降低了药物效果，同时其产生作用比较迟缓，因此口服给药剂量应大于注射给药，且一般适用于不太危急的病例。

常用于经口投服的药物剂型包括片剂、粉剂、丸剂、胶囊剂及溶液剂等。在投溶液剂时药量不宜过多，必要时可采用胶管直接插入食道，要严防药物进入气管，导致异物性肺炎或使鹅窒息而死。

六、皮下注射给药法

皮下注射给药法简单，药物容易吸收。在颈部皮下、胸部皮

下和腿部皮下等部位注射，是预防接种时常用的方法之一。应用皮下注射时药物量不宜太大，且不宜有刺激性。注射的具体方法是由助手抓鹅或术者左手抓鹅（成年鹅体型较大，最好两人操作），并用拇指、食指掐起注射部位的皮肤，右手持注射器沿皮肤皱褶处刺入针头，然后推入药液。

七、肌内注射给药法

肌内注射法药物吸收快，药物作用稳定，方法简便，安全有效，是最常用的注射用药方法之一，可在预防和治疗鹅的各种疾病时使用。肌内注射部位有大腿外侧肌肉、胸部肌肉和翼根内侧肌肉等。在采用肌内注射时，要注意使针头与肌肉表面成35~50°进针，不可直刺，以免刺伤大血管或神经。特别是胸部肌内注射时更应谨慎操作，切记不要使针头刺入胸腔或肝脏，造成鹅死亡。在使用刺激性药物时，应采用深部肌内注射。

八、静脉注射给药法

静脉注射法是将药物直接送入血液循环中，因而药效产生迅速，用药剂量准确，适用于急性或危急、用药剂量较少且要求准确剂量的病例，同时也适用于一些有刺激性和必须进入血液才能发挥药效的药物，如解毒药、高渗溶液等。该方法要求操作技术较高。

九、腹腔注射给药法

腹腔注射给药法使药物经腹腔吸收后产生药效，其药效产生迅速，可用于剂量较大、不易经静脉给药的药物。具体方法是由助手抓鹅，使鹅腹部面向术者，最好采用头低尾高位，使腹腔脏器向下挤压，术者左手拇指和食指掐起腹壁，右手持注射器使针头穿过腹壁进入腹膜腔而又不刺入其他脏器或肠管内，然后将药物推入腹腔内。该方法要求一定的操作技术，使用不当容易伤及脏器造成鹅伤亡，或使药物注入肠管而不能充分发挥药物效用。

十、种蛋或禽胚给药法

由于某些致病性细菌或病毒可以经种蛋由母禽直接传播给后代雏禽，或经蛋壳侵入而使禽胚或孵出的雏禽发病，因而在实际工作中经常使用给种蛋或禽胚直接用药的方法，进行消毒以杀灭病原微生物，用来预防某些传染性疾病或治疗一些胚胎病。常用的经种蛋或禽胚给药方法如下。

（一）熏蒸法

熏蒸法是最常用于种蛋消毒的一种方法，通常是将消毒药物加热或通过化学作用使其挥发于一定空间中，以杀死空间和种蛋蛋壳表面的病原微生物。常用于熏蒸法的消毒药物有甲醛、高锰酸钾、过氧乙酸等。使用时将种蛋放置于特定的消毒室、罩或孵化器内，按容积计算好用药量后，放置药物并加热、点燃或使其发生化学反应，使药物挥发到整个空间，从而达到消毒的目的。熏蒸时应关闭消毒室、罩或孵化器的所有门、窗及气孔。熏蒸一定时间后再打开，否则不能收到理想效果。

（二）浸泡法

浸泡法是指将种蛋放置到配制成一定浓度和适温的药液中，使药物经种蛋吸收或杀死种蛋表面的微生物。在浸泡前一般应用清水或温水洗涤蛋壳表面，否则不仅浪费药物也不能收到预想的效果。

（三）注射法

将药物直接注射到鹅胚的一定部位如气室、蛋白、尿囊腔、卵黄囊或尿膜绒毛膜等，可用于鹅胚疾病的预防和治疗，以及疫苗接种等。此外还是实验室常用的经种蛋或鹅胚的给药方法之一。

第五章　鹅常见病的防制技术

第一节　鹅常见病毒性疾病的防制

一、小鹅瘟

小鹅瘟是由小鹅瘟病毒所引起的雏鹅的一种急性或亚急性的败血性传染病，主要危害4~20日龄的雏鹅，可造成大批死亡（图5-1）。

（一）病原与流行病学

本病病原为鹅细小病毒，本病毒对外界环境因素具有很强的抵抗力，但对2%~5%氢氧化钠、10%~20%的石灰乳敏感。本病毒对雏鹅表现出特异性的致病作用，不能引起鸭（雏番鸭除外）、鸡等禽类及哺乳动物的发病。病毒存在于患病雏鹅的肝、脾、肾、胰、脑、血液、肠道和心肌等各脏器及组织中。

本病全年均有发生，但多发生于冬末春初，主要侵害3日龄到20日龄的雏鹅，30日龄以上的鹅很少发病，鹅日龄越小，发病率和病死率也越高。最高的发病率和病死率出现在10日龄以内的雏鹅，可达95%~100%，15日龄以上的雏鹅比较缓和，有少数患病雏鹅不经治疗可自行耐过。在前一次大流行患病后痊愈或无症状感染的种鹅产下的种蛋所孵出的雏鹅对本病具有可靠的免疫力，一般不会发病。本病自然流行呈现周期性和暴发性，在每次大流行之前常见有一年或数年发病率极低，所以采用每年更换部分种鹅群的饲养方式，一般不会发生大流行。

图 5-1　小鹅瘟造成大批雏鹅死亡

（二）临床症状

本病潜伏期为 2~3 天，症状以消化系统和中枢神经系统紊乱为主要特征，其症状的变化一般与感染发病时的雏鹅日龄有关系。

1. 最急性型

最急性型多发生于 3~10 日龄的雏鹅，通常是不见有任何前驱症状，发生败血症而突然死亡（图 5-2），或在发生精神呆滞后数小时即呈现衰弱，倒地划腿，挣扎几下就死亡，病势传播迅速，数日内即可传播全群。

2. 急性型

急性型多发生于 15 日龄左右的雏鹅，患病雏鹅表现精神沉郁，食欲减退或废绝，羽毛松乱，头颈缩起或扭转（图 5-3），闭眼呆立，离群独处，行动缓慢，雏鹅两腿麻痹（图 5-4），不能站立，两腿作划船状（图 5-5）；虽能随群采食，但所采得的草并不吞下，随采随丢。

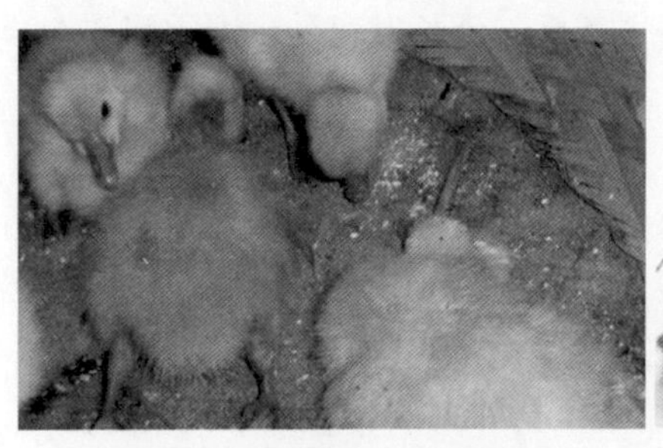

图 5-2　最急性型：突然死亡

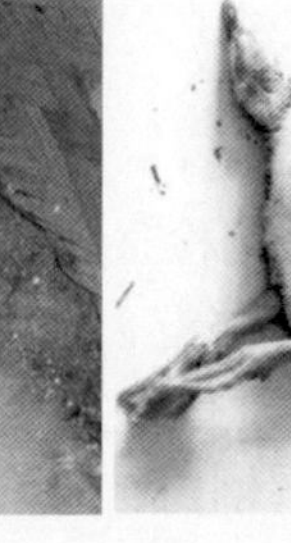

图 5-3　小鹅瘟：颈部扭转

图 5-4　小鹅瘟：雏鹅两腿麻痹

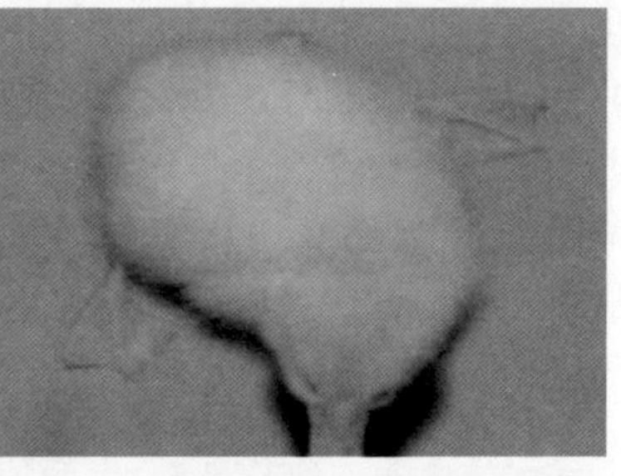

图 5-5　急性型病例：两腿作划船状

病雏鹅鼻孔流出浆液性鼻液，沾污鼻孔周围，频频摇头；进而饮用水量增加，逐渐出现拉稀，排灰白色或灰黄色的水样稀粪，常为米浆样混浊且带有气泡或有纤维状碎片，肛门周围绒毛被沾污；喙端和蹼色变暗；有个别患病雏鹅临死前出现颈部扭转或抽搐、瘫痪等神经症状。据临床所见，大多数雏鹅发生于急性型，病程一般为 2～3 天，随患病雏鹅日龄增大，病程渐而转为亚急性型。

3. 亚急性型

亚急性型通常发生于流行的末期或 20 日龄以上的雏鹅，其症状轻微，主要以行动迟缓，走动摇摆，拉稀，采食量减少，精神状态略差为特征。病程一般为 4～7 天，间或有更长，有极少数病鹅能自愈，但雏鹅吃料不正常，生长发育受到严重阻碍，成为僵鹅。

（三）剖检变化

最急性型病例，剖检时仅见十二指肠黏膜肿胀充血，有时可见出血，在其上面覆盖有大量的淡黄色黏液；肝脏肿大充血出血，质脆易碎；胆囊胀大、充满胆汁，其他脏器的病变不明显。

急性型病例，解剖时可见肝脏肿大（图 5-6），充血出血，质脆；胆囊胀大，充满暗绿色胆汁；脾脏肿大，呈暗红色；肾脏稍为肿大，呈暗红色，质脆易碎。肠道有明显的特征性病理变化，病程稍长的病例，小肠的中段和后段，尤其是在卵黄囊柄与回盲部的肠段，外观膨大，肠道黏膜充血出血（图 5-7），发炎坏死脱落，与纤维素性渗出物凝固形成长短不一（2~5 cm）的栓子（图 5-8、图 5-9），体积增大，形如腊肠状，腊肠状处质地坚实，剪开肠道后可见肠壁变薄，肠腔内充满灰白色或淡黄色的栓子状物，俗称为腊肠粪，是小鹅瘟的一个特征性病理变化。部分病鹅小肠中后段未见明显膨大，但可见肠黏膜充血出血，肠腔内有大量的纤维素性凝块和碎片。

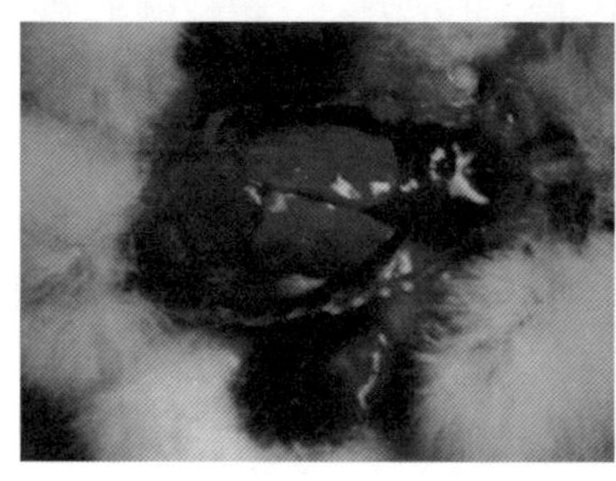

图 5-6　肝脏肿大，充血出血

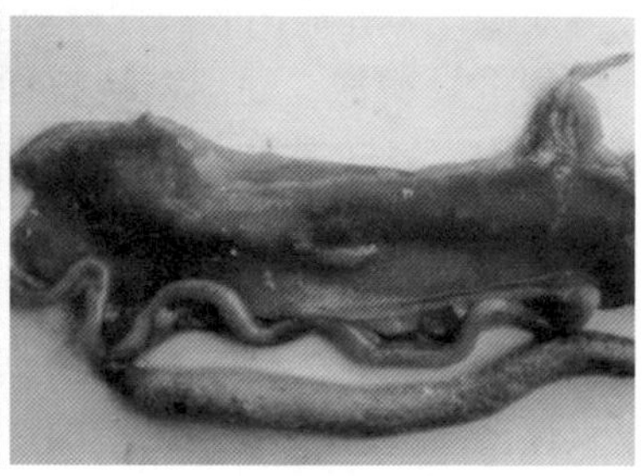

图 5-7　肠道黏膜充血出血

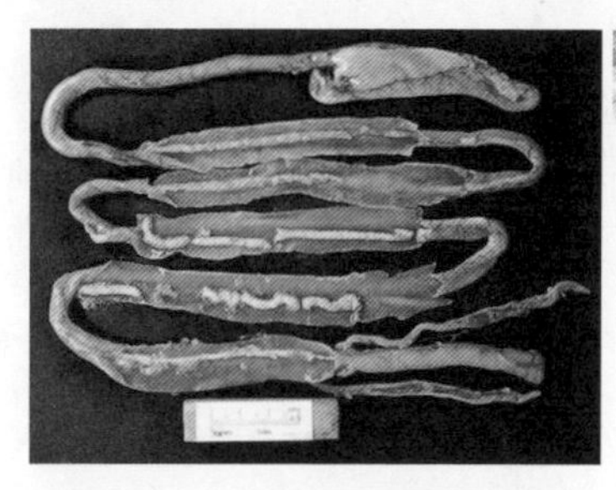
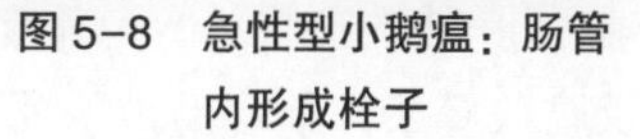

图 5-8　急性型小鹅瘟：肠管内形成栓子

图 5-9　肠道内的栓子

亚急性型病例可见肠道的血管怒张，十二指肠的黏液增多，黏膜呈现橘黄色，小肠中后段膨大增粗，肠壁变薄，里面有容易剥离的凝固性栓子。肝脏肿大，呈棕黄色，胆囊明显膨大，充满蓝绿色胆汁。胰腺颜色变暗，个别的胰腺出现小白点。心肌颜色变淡，肾脏肿胀。法氏囊质地坚硬，内部有纤维素性渗出物。有神经症状的鹅剖检时，可见脑膜下血管充血。

（四）诊断与防制

根据流行病学、临诊症状和病理变化可以做出初步诊断，确诊需要进行实验室病毒分离鉴定及血清学诊断。

应用疫苗免疫种鹅是预防本病有效而又经济的方法。种鹅产蛋前及时接种小鹅瘟疫苗。商品雏鹅于 1～3 日龄和 20 日龄，分别注射小鹅瘟卵黄抗体，能有效预防发病。加强饲养管理和消毒的综合性防制措施可以预防和控制本病。

发病后对同群未感染的雏鹅应用小鹅瘟卵黄抗体或小鹅瘟抗血清注射，进行紧急治疗。紧急治疗时先注射健康鹅，再注射治疗发病鹅，以免引起注射传染。对病死鹅要进行深埋，加入消毒粉（如三氯异氰尿酸钠、生石灰等）处理。

二、鹅副黏病毒病

鹅副黏病毒病是鹅的一种以消化道症状及肠道黏膜出现结痂样溃疡为主要特征的急性传染病。该病对鹅危害大，常引起大批死亡，雏鹅死亡率可达95%以上，给养鹅业带来巨大损失。

（一）病原与流行病学

本病病原为鹅副黏病毒，属副黏病毒科、副黏病毒属。病毒广泛存在于病鹅的内脏器官内（脾脏、肝脏、肠管等）。病毒的抵抗力不强，干燥、消毒剂、日光及腐败等条件下容易被杀死。

本病无季节性，一年四季均可发生，常呈地方性流行。患病鹅和病愈后带毒者为传染源，常通过消化道、呼吸道水平传播。各种年龄的鹅对鹅副黏病毒病都具有较强的易感性，日龄越小发病率、死亡率越高，10日龄以内的雏鹅发病率和死亡率可达100%，10~15日龄雏鹅发病率和死亡率可达90%以上。随着日龄的增长，发病率和死亡率下降。

（二）临床症状

病鹅精神委顿，缩头、垂翅、扭颈（图5-10），食欲减退或拒食，饮用水量增加，行动缓慢，不愿下水，下水后浮在水面随水流漂游。病鹅拉黄白色、绿色稀粪便或水样便（图5-11），有时带血呈暗红色。成年鹅将头插于翅下，严重者常见口腔流出水样液体，并有扭颈、转圈、仰头等神经症状，特别是饮用水后病鹅有甩头、咳嗽、呼吸困难等现象。成年鹅病程稍长，产蛋量下降，康复鹅生长发育受阻。

（三）剖检变化

病死鹅机体脱水，眼球下陷，脚蹼干燥，皮肤瘀血，皮下干燥；腺胃和肌胃黏膜充血，有出血斑点（图5-12）；直肠和泄殖腔黏膜有弥漫性大小不一的结痂病灶（图5-13）；结肠、盲肠、直肠黏膜的溃疡灶，表明覆有纤维素性假膜（图5-14）；肠道黏

膜有不同程度的出血，空肠和回肠黏膜上常有散在的淡黄色豆大小坏死性假膜，剥离后呈溃疡面（图 5-15）；盲肠扁桃体肿大，出血。有的病死鹅脑充血、瘀血。

图 5-10　缩头、垂翅、扭颈

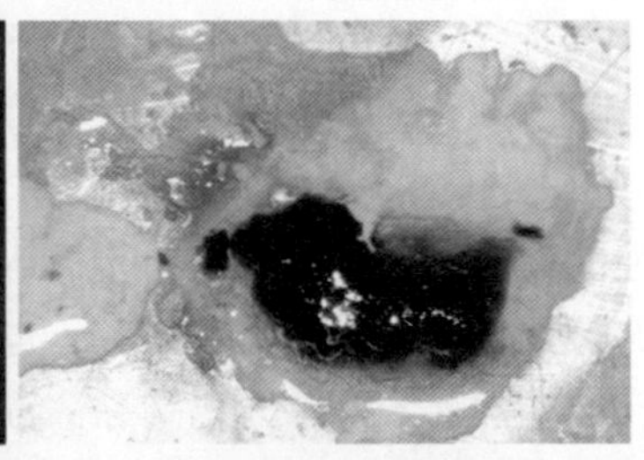

图 5-11　黄白色、绿色稀粪或水样便

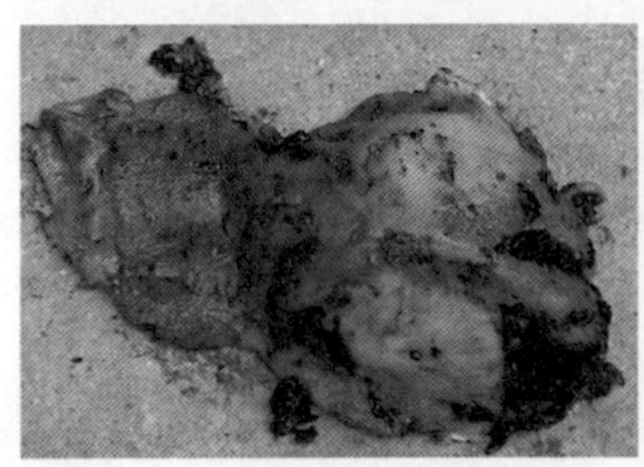

图 5-12　腺胃和肌胃黏膜充血，有出血斑点

图 5-13　直肠和泄殖腔的结痂病灶

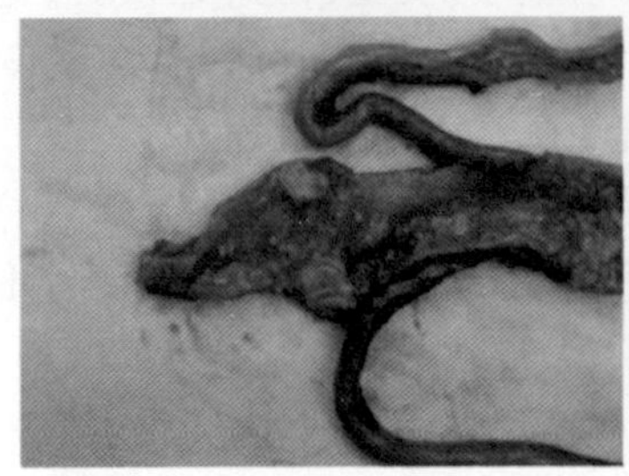

图 5-14　结肠、盲肠、直肠黏膜的溃疡灶

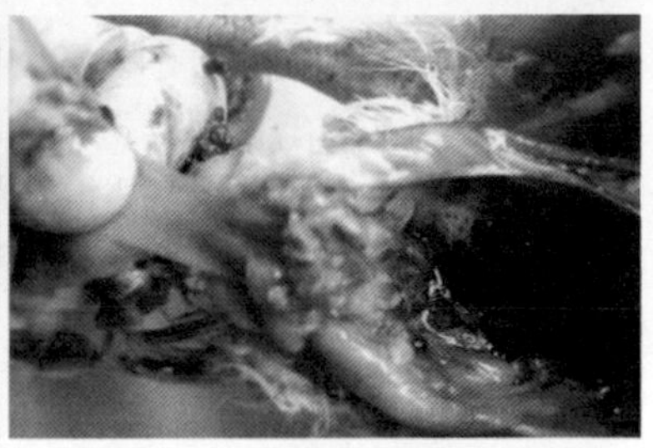

图 5-15　肠道剥离假膜后的溃疡面

(四) 诊断与防制

根据流行特点、临床症状和病理变化，可以做出初步诊断。确诊则需要进行病原诊断。

对留作种用的鹅群从选留开始，就采用鹅副黏病毒油乳剂灭活疫苗进行第一次免疫，于产蛋前 15 天时进行第二次免疫，再过 90 天再进行第三次免疫，这样就能使种鹅在产蛋期都具有较强的免疫力。用这样的种蛋进行孵化，雏鹅出壳后可受母源抗体的保护，提高雏鹅的成活率，也可以用小鹅瘟和鹅副黏病毒病二联油乳剂灭活疫苗或鹅副黏病毒病和鹅疫里默杆菌二联油乳剂灭活疫苗进行免疫。

无该病母源抗体的雏鹅，应根据本地该病流行情况，于 2~7 日龄或 10~15 日龄进行第一次免疫，每只皮下注射鹅副黏病毒油乳剂灭活疫苗；在免疫后 60 天再免疫 1 次。对有该病母源抗体的雏鹅，于 15 日龄以鹅副黏病毒油乳剂灭活疫苗，肌内注射免疫即可。若紧急预防，应采用鹅副黏病毒弱毒疫苗注射，因为它产生免疫力的时间快。但 20 日龄以内没有该病母源抗体的雏鹅不能使用。

目前尚无特效药物治疗，应以预防为主。一旦发病，立即隔离病鹅，及时用灭活疫苗先免疫注射健康鹅，然后免疫注射假定健康鹅。采用小鹅瘟和鹅副黏病毒病二联抗血清注射也有较好的紧急预防和治疗效果。用鹅副黏病毒高免血清每只 2 mL 加 60 万 IU 青霉素肌内注射，隔 1 天再注射 1 次，有一定的疗效。适当采用吗啉胍和氧氟沙星或恩诺沙星配合维生素 E、维生素 C，可控制并发症或继发症的发生。

三、鹅禽流感

鹅禽流感又称鹅肿头病、鹅红眼病、出血症等，具有高发病率，俗称鹅疫。该病由禽流感病毒引起，其中 H5 亚型流感病毒

毒株对不同日龄和品种的鹅群有高度致病性。雏鹅发病率可达100%，死亡率95%；产蛋种鹅发病率近100%，死亡率40%～80%。该病对养鹅业影响极大。

（一）流行特点及临床症状

鹅流感一年四季都有可能发生，以冬春季最常见。天气变化大、相对湿度高时发病率较高。各龄期的鹅都会感染，尤以1～2个月龄的仔鹅最易感染。

（1）鹅常突然发病，发病后体温升高，食欲减退或废绝，仅饮水。拉水样稀粪，羽毛松乱，精神沉郁，出现曲颈斜头、左右摇摆等神经症状，尤以雏鹅明显。站立不稳，伏地不起，或后退倒地。有呼吸道症状，头颈肿大，眼睛潮红或出血。

（2）患病雏鹅不能站立，不断摇头摇颈，头颈后仰，两腿向后划动；死后头颈下勾，两腿向后伸直（图5-16），有神经症状。病鹅头肿大，皮下水肿（图5-17），结膜白色坏死。患病成年鹅眼睛四周羽毛潮湿，常沾有污物。

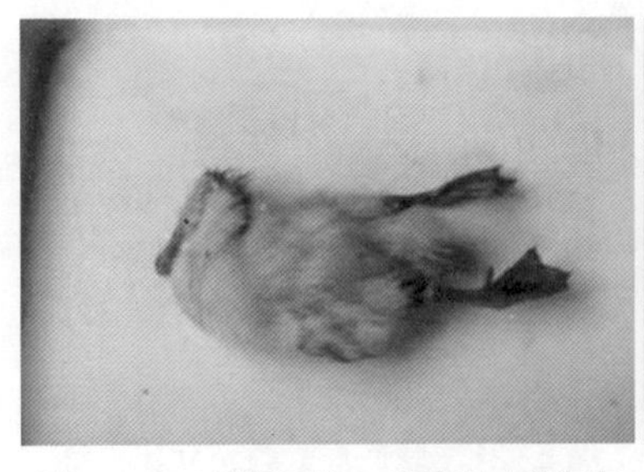

图5-16　头颈下勾，两腿向后伸直

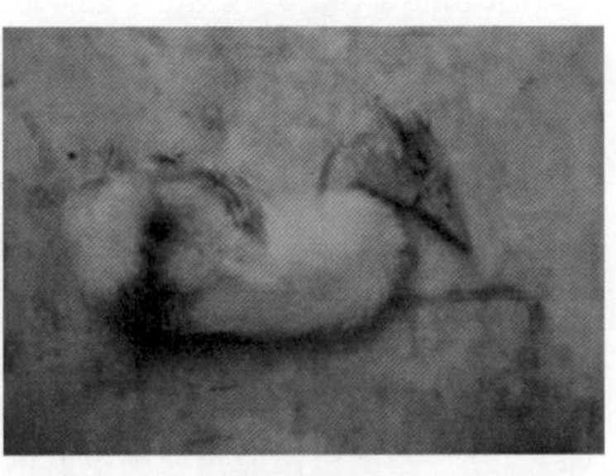

图5-17　病鹅头肿大，皮下水肿

（3）患病鹅皮肤毛孔充血，出血；大脑组织充血，出血，有灰白色坏死（图5-18）。喉头常有大凝血块。

（4）患病鹅脾脏肿大，瘀血，出血，呈三角形；肝脏肿大，瘀血，有大小不一的出血斑（图5-19）；肾脏肿大，充血，出血。

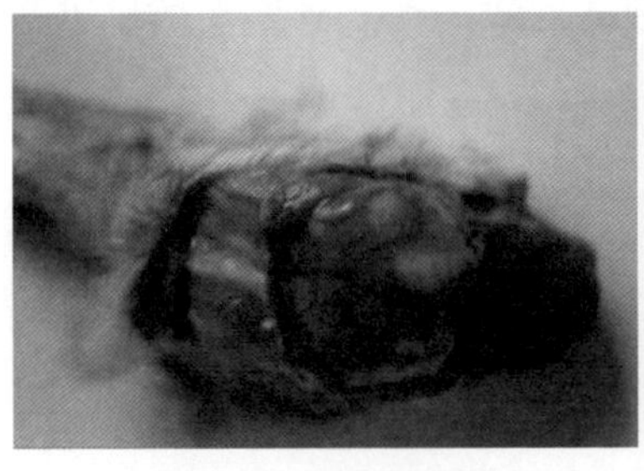

图 5-18　脑组织充血

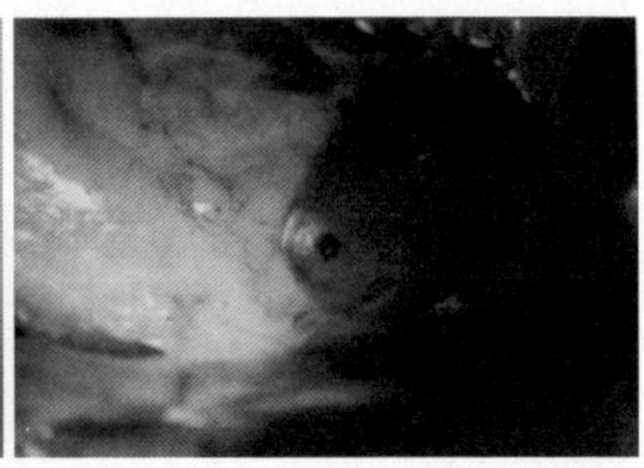

图 5-19　肝肿大，有出血斑

（5）患病鹅胰腺有弥漫性圆形出血斑和坏死灶，腺胃和肌胃交界处有黑色出血带，腺胃黏膜有陈旧性出血斑（图 5-20）。

（6）患病鹅肠道有局灶性环状出血环（图 5-21），肠道黏膜出血性溃疡；直肠黏膜弥漫性出血；心肌有灰白色坏死斑（图 5-22），心内膜有出血斑。

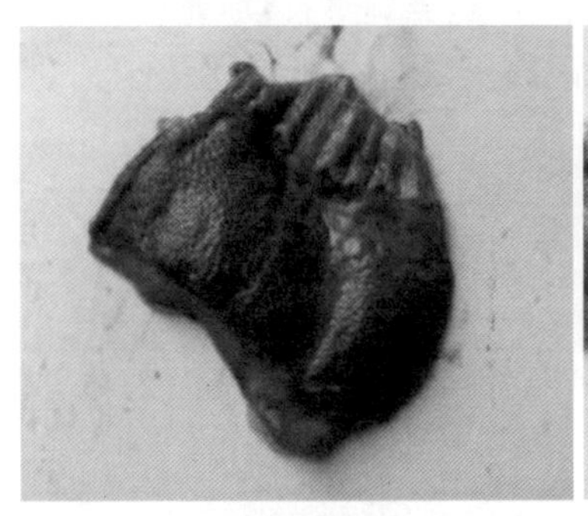

图 5-20　腺胃黏膜有陈旧性出血斑

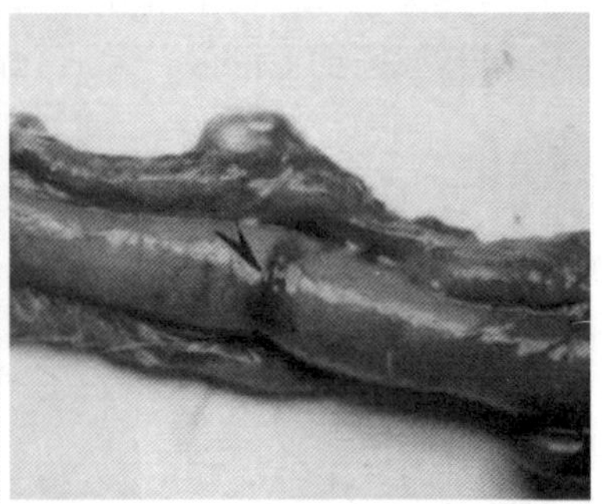

图 5-21　肠道局灶性环状出血环

（7）病鹅肺脏瘀血，出血（图 5-23）。患病母鹅卵泡破裂于腹腔中；卵泡膜充血，出血（图 5-24）；卵泡变形。输卵管浆膜充血，出血，腔内有凝固的蛋白。病程较长的母鹅卵巢中的卵泡萎缩，卵泡膜充血，出血，变性。

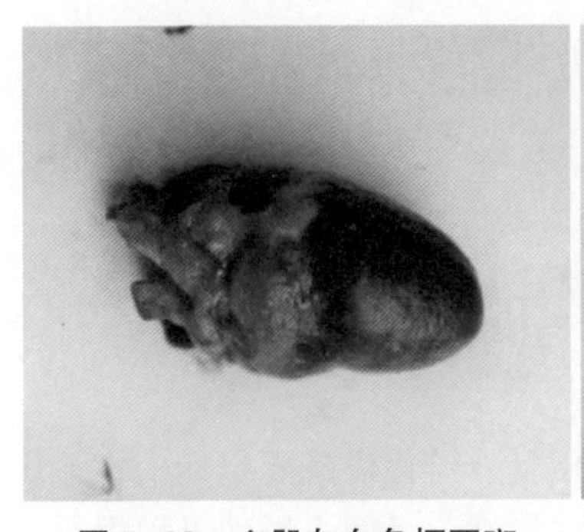

图 5-22　心肌灰白色坏死斑

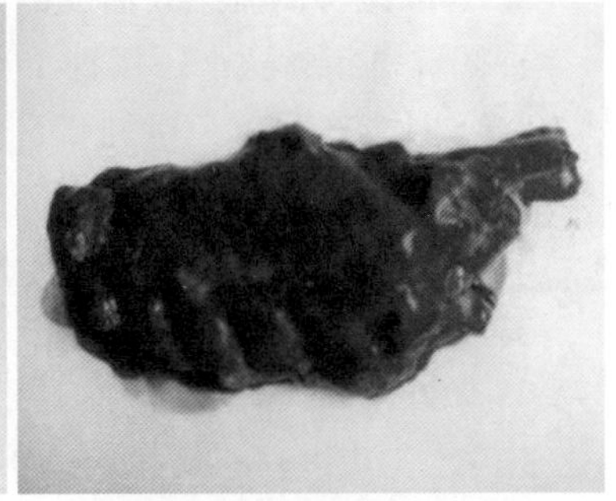

图 5-23　肺脏出血，瘀血

（8）患病雏鹅肌胃与十二指肠交界处有条状出血斑；盲肠黏膜出血，呈黑色（图 5-25），直肠黏膜出血。

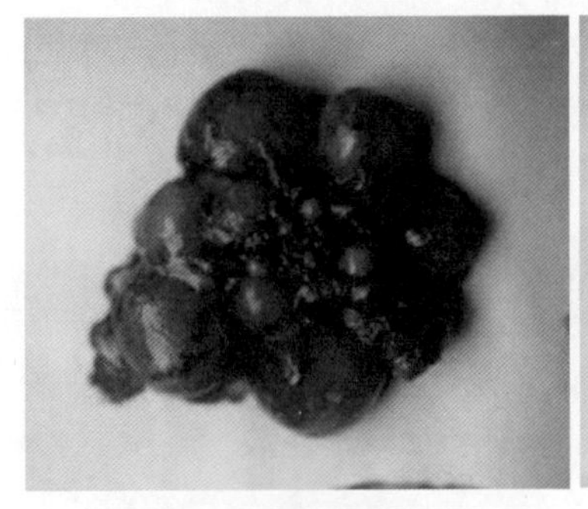

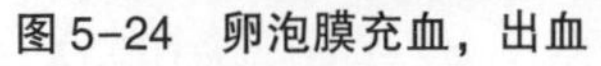

图 5-24　卵泡膜充血，出血

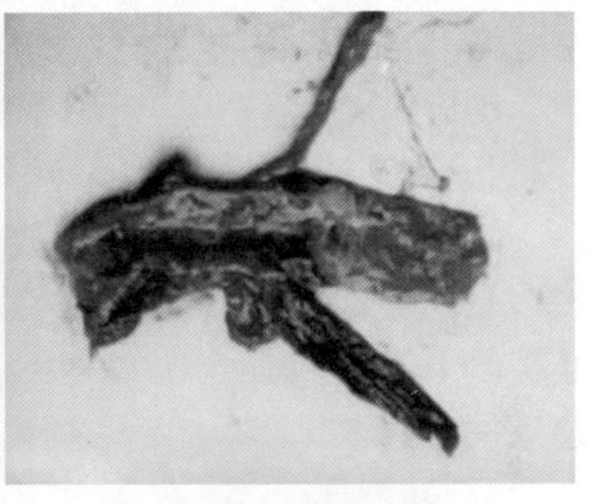

图 5-25　盲肠黏膜出血

（二）防制

1. 禁止从疫区引种，从源头上控制本病的发生

正常的引种要做好隔离检疫工作，最好对引进的种鹅群抽血，做血清学检查，淘汰阳性个体；无条件的也要对引进的种鹅隔离观察 5～7 天，淘汰盲眼、红眼、精神不振、步态不正常、排绿色粪便的个体。

2. 鹅群接种禽流感灭活疫苗

种鹅群每年春秋季各接种1次，每次每只接种2~3 mL；仔鹅10~15日龄每只首免接种0.5 mL，25~30日龄每只再接种1~2 mL，可取得良好的效果。

3. 避免鹅、鸭、鸡混养和串栏

禽流感有种间传播的可能性，应引起注意。

4. 做好消毒工作

栏舍、场地、水上运动场、用具、孵化设备要定期消毒，保持清洁卫生。水上运动场以流动水最好。水塘、场地可用生石灰消毒，平时隔15天消毒1次，有疫情时隔7天消毒1次；用具、孵化设备可用福尔马林熏蒸消毒或百毒杀喷雾消毒；产蛋房的垫料要常换、消毒。

5. 种鹅群和肉鹅群分开饲养

场地、水上运动场、用具都应相对独立使用。肉鹅饲养实行“全进全出”制度，出栏后空栏要消毒和净化15天以上。

6. 防止扩散

一旦受到疫情威胁或发现可疑病例，应立刻采取有效措施防止扩散，包括及时准确诊断病例、隔离、封锁、销毁、消毒、紧急接种、预防投药等。

（三）治疗

本病尚无有效的治疗方法。可肌内注射或皮下注射禽流感高免血清，小鹅每只2 mL、大鹅每只4 mL，对发病初期的病鹅有一定效果；高免蛋黄液效果也好，但见效稍慢。

对高致病性禽流感地区，应严格封锁，划定疫区，扑杀受感染的所有禽类，进行焚烧、深埋等无害化处理，同时对疫区可能受到污染的场地进行彻底消毒，以防病毒扩散传播。

四、鹅出血性坏死性肝炎

鹅出血性坏死性肝炎又称鹅呼肠孤病毒感染，是2001年以来在我国养鹅业出现的一种呼肠孤病毒病。该病主要危害1~10周龄鹅，其特征病变是肝脏兼具出血灶和坏死灶。该病由王永坤首先在江苏发现，此后在全国许多地方的鹅群流行并造成危害。

（一）病原分析

该病的病原为鹅呼肠孤病毒，属呼肠孤病毒科、正呼肠孤病毒属。若按国际病毒分类委员会的分类标准，可认为鹅呼肠孤病毒（GRV）与禽呼肠孤病毒属同种病毒，并可称之为禽呼肠孤病毒的鹅源分离株。鹅呼肠孤病毒具有典型呼肠孤病毒形态特征，即病毒粒子呈球形，无囊膜，呈二十面体对称并有双层衣壳结构，直径76~86 nm，核心（内衣壳）直径51~57 nm。鹅呼肠孤病毒基因组为双链RNA，分10个片段，按核酸电泳迁移率，分别为L组（L1、L2、L3）、M组（M1、M2、M3）和S组（S1、S2、S3、S4），编码λ蛋白（λA、λB、λC）、μ蛋白（μA、μB、μNS）和σ蛋白（σC、σA、σB、σNS）。与禽呼肠孤病毒类似，鹅呼肠孤病毒的S1片段为三顺反子，除编码σC蛋白外，还编码非结构蛋白P10和P18（该命名来源于分子量），但P18与ARV的对应蛋白（P17）缺乏序列相似性。

在琼脂扩散试验中，鹅呼肠孤病毒与鸡源禽呼肠孤病毒PR株存在交叉反应，表明它们有共同的群特异性抗原。鹅呼肠孤病毒与北京鸭“脾坏死病”和番鸭“新肝病”病原具有相近的遗传进化关系，但与番鸭“白点病”和匈牙利的鹅呼肠孤病毒之间存在明显的序列差异。

病毒能在发育良好的鹅胚、鸭胚、番鸭胚和鸡胚中繁殖，大多能致死胚胎。感染鹅胚、鸭胚和番鸭胚死亡率高达95%，而感染鸡胚的死亡率为85%。胚胎死亡集中于接种后96~120小时。

病毒也能在鸡胚、鸭胚、番鸭胚和鹅胚成纤维细胞上复制，并产生细胞病变。鹅呼肠孤病毒对乙醚、氯仿、胰蛋白酶不敏感，对酸、热有较强抵抗力。鹅呼肠孤病毒不能凝集禽类和哺乳动物红细胞。

（二）流行病学

不同品种的鹅对该病均易感。在自然条件下，该病主要发生于1~10周龄的鹅，尤以2~4周龄的鹅多发。发病率为10%~70%，死亡率为2%~60%。发病率和死亡率与日龄有密切关系，日龄越小，发病率和死亡率越高。4周龄以内雏鹅发病率可达70%以上，死亡率达60%左右；而7~10周龄鹅的死亡率低，为2%~3%。青年鹅感染后多不出现明显症状，种鹅感染后虽然无临床症状，但对产蛋率和出雏率有一定影响，病毒可经卵垂直传播。该病无明显的季节性，但与卫生条件、饲养密度、气候变化及应激因素有一定关系。患病鹅生长受阻，饲料转化率低。感染鹅群容易继发感染细菌性疾病或其他病毒性疾病。

（三）临床症状

患病鹅生长受阻是该病的特征。按病程，该病可分为急性、亚急性和慢性三种类型，发病类型与患病鹅的日龄有密切的关系。随着感染发病鹅日龄的增长，其发病类型由急性转至慢性。

急性型多发生于3周龄以内雏鹅，病程为2~6天。患病雏鹅精神委顿，食欲大减或废绝，绒毛杂乱、无光泽，体小瘦弱，喙和蹼颜色淡，呈苍白色，不能站立（图5-26），行动缓慢、腹泻。病程稍长的患鹅一侧或两侧跗关节或跖关节肿胀，头颈着地，双腿后曲（图5-27）。亚急性和慢性型多发生于3周龄以上的鹅，病程为5~9天。患病鹅精神不佳，食欲减退，不愿站立，行动困难，呈跛行，跗关节、跖关节肿胀明显。有些病例趾关节或脚和趾屈肌腱等部位肿胀。

图 5-26　精神委顿，不能站立

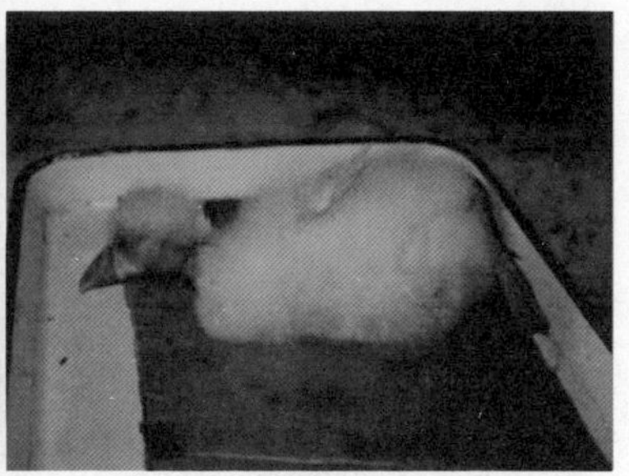

图 5-27　头颈着地，双腿后曲

肝脏上有弥漫性、大小不一的鲜红色出血斑和散在性淡黄色坏死灶（图 5-28）；脾脏稍肿大，有大小不一的坏死灶；胰腺肿大，有散在坏死灶（图 5-29）；肾脏肿大，充血，出血，有弥漫性针头大的灰白色坏死灶；肌胃角质层下肌层有鲜红色出血斑（图 5-30）；患病鹅脑壳充血，出血（图 5-31）。

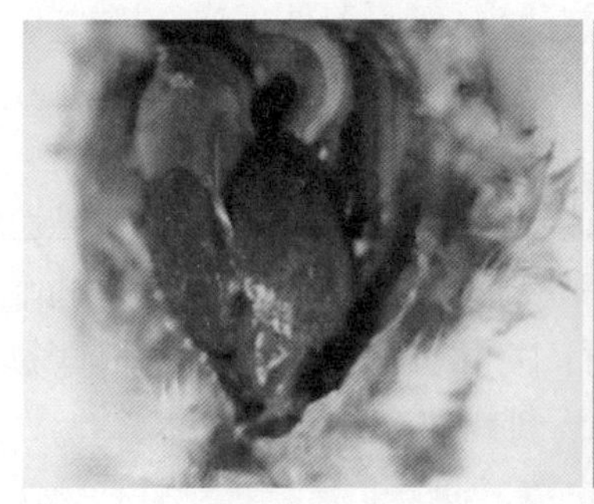

图 5-28　肝脏上的出血斑和坏死灶

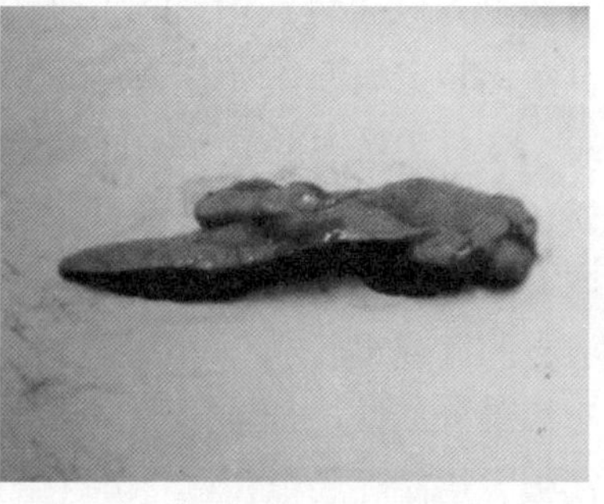

图 5-29　胰腺肿大，有散在坏死灶

图 5-30　肌胃角质层下出血斑

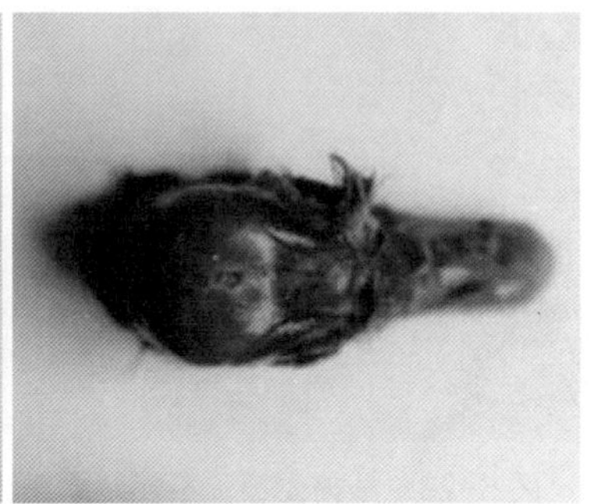
图 5-31　脑壳充血，出血

（四）诊断方法

根据大体病变可对该病做出初步诊断，确诊需进行病毒的分离和鉴定。

无菌采集病（死）鹅的病变肝脏和（或）脾脏，研磨，用灭菌 PBS 缓冲液或 Hank's 液制成悬液。经无菌处理后，接种 10 日龄无特定病原体（SPF）鸡胚（或 12 日龄鹅胚、11 日龄鸭胚、12~13 日龄番鸭胚），每胚经绒毛尿囊膜接种 0.1 mL，置于 37~38 ℃环境中培养，大多数胚胎于接种后 4~5 天死亡。收获死亡或有病变胚胎的尿囊液和绒毛尿囊膜制成匀浆保存。用已知抗血清在胚胎或鸡胚成纤维细胞上进行中和试验，或用琼脂扩散试验对病毒分离株进行鉴定。从含毒病料或病毒分离物提取 RNA 为模板，用鹅呼肠孤病毒特异性 RT-PCR 进行扩增，可对鹅呼肠孤病毒进行快速检测或鉴定。回收扩增产物测序并进行序列分析，有利于比较待检毒株与鹅呼肠孤病毒已知序列的异同。

用含毒病料或病毒分离物（1∶5 稀释），经肌肉（1.0 mL）或爪垫（0.2 mL）接种 10 日龄左右易感雏鹅，亦可用于该病的诊断。雏鹅一般于感染后 5~6 天发病，死亡雏鹅应表现出与自然病例相同的病理变化。

（五）防控措施

患病和带毒鹅群是该病的重要传染来源。鹅呼肠孤病毒可经卵垂直传播，因此感染种群的蛋不能用于孵化。病毒可经粪便排出，从而污染场地，造成疫病不断扩大。因此，应淘汰或隔离病鹅，对场地进行消毒。患病鹅群容易继发感染细菌性疾病，应适当使用药物，以减少损失。

五、鹅的鸭瘟

鹅的鸭瘟病又称鹅病毒性溃疡性肠炎，是由鸭瘟病毒感染鹅的一种传染性疫病，其病原是疱疹病毒的一种。该病特征性症状为体温升高、两腿麻痹、下痢、流泪和部分病鹅头颈肿大。鹅的鸭瘟病，主要在小鹅群中传播，具有传染快、死亡率高的特征。发病至死亡过程一般为2~7天。

（一）病原

病原为鸭瘟疱疹病毒，广泛分布于病鹅体内各组织器官及口腔分泌物和粪便中。消毒剂如0.5%漂白粉与5%生石灰作用30分钟，对本病毒具有杀死作用。

（二）流行病学

1. 发病季节及日龄

该病以40日龄左右发病最为常见，8日龄即可发病，小鹅死亡率高达70%~80%，青年鹅和成年鹅均可发病，但死亡率较低。60日龄以上大鹅也有发生，尤其是产蛋母鹅群，其发病率和死亡率均高达80%~90%。该病60日龄以下鹅群一年四季都可发生，但一般以春夏交替和秋季流行最为严重，传播快而流行广，因为这两个时间段是鹅鸭放牧和大量上市的时节，饲养量多，各地鹅鸭群接触频繁，如果检疫不严，容易造成发病。

2. 地理环境

在低洼潮湿和水网地带及河川下游放牧饲养的鹅群，最容易发生鹅鸭瘟病。水网密集的养鹅场，经常有野生水禽落脚，野生水禽感染病毒后，可成为传播本病的自然疫源和媒介。该病常呈地方性流行。

3. 感染途径

发病和潜伏期的感染鹅鸭、病愈后不久的鹅鸭是本病的主要传染源，健康的鹅和病鹅、鸭一起放牧，或是在水中相遇，或是放牧时通过发病的地区，都能发生感染。被病鹅、鸭和带毒鹅、鸭的排泄物污染的饲料、饮用水、用具和运输工具等，都是造成鹅鸭瘟病传播的重要因素。本病主要通过消化道传染，还可以通过交配、眼结膜和呼吸道而传染。健康鹅与患鸭瘟病鸭、鹅接触，或到疫区放牧，或病死鸭、鹅处理不当，或鹅、鸭混养，或鹅、鸭处同一水源等，均可导致感染发病。

（三）临床症状与病理变化

发病初期，病鹅精神委顿，缩颈垂翅，行动困难，卧地不愿走动，甚至伏地不起，强行驱赶时，两脚麻痹无力，步态不稳，病鹅不愿下水，强迫赶下水时，漂浮水面且很快回岸；食欲减少或停食，渴欲增加，体温升高，病鹅体温持续升高可达42～44℃，高热稽留；病鹅畏光，流泪，眼睑水肿，眼睑周围羽毛沾湿或有脓性分泌物将眼睑粘连，眼角形成出血性小溃疡；部分鹅头颈部肿胀，从鼻腔内流出浆液性或黏液性分泌物；呼吸困难，叫声嘶哑；下痢，排黄白色或乳白色或黄绿色黏稠稀粪，肛门周围的羽毛被沾污并结块；泄殖腔黏膜充血、出血、水肿，严重者黏膜外翻，可见黏膜面覆盖一层不易剥离的黄色假膜。发病后期体温下降，病鹅极度衰竭死亡。存活鹅消瘦，生长发育不良。

病鹅头、颈、颌下、翅膀等处皮下和胸腔、腹腔的浆膜有黄

色胶冻样物渗出，消化道黏膜充血、出血，咽和食道黏膜上有散在坏死点或坏死假膜（图 5-32、图 5-33），脱落后留下溃疡，泄殖腔黏膜覆盖假膜痂块，法氏囊黏膜水肿、小点状出血，慢性病例可见溃疡坏死等具有特征性。肝肿大、质脆有出血或坏死点，胆囊肿大、充满胆汁，小肠黏膜有大小不一数量不等的坏死点，脾、胰肿大，心外膜出血，心包积液等。

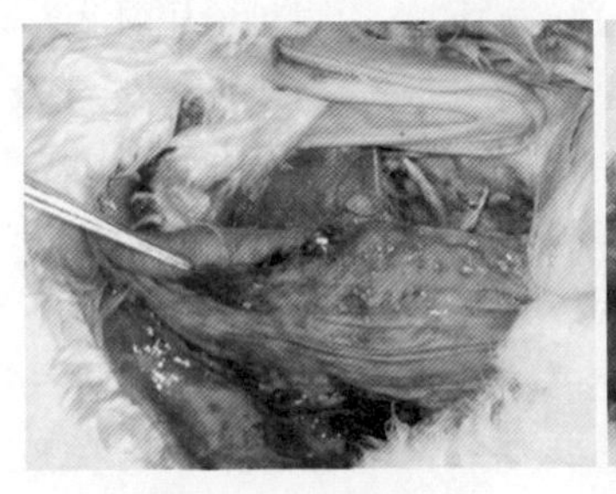

图 5-32　食道溃疡

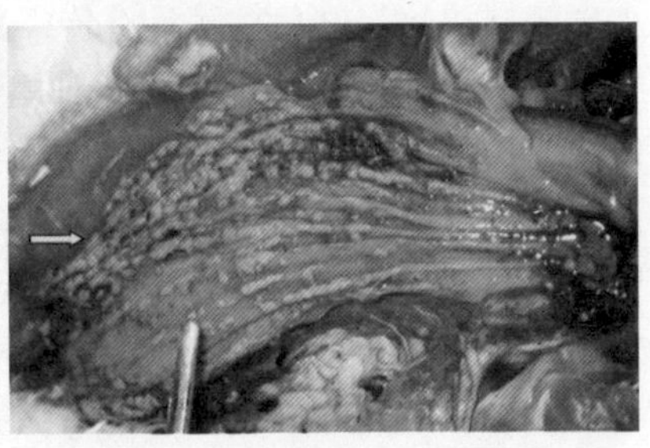

图 5-33　食道溃疡，有假膜

鹅的鸭瘟病与鹅的出血性败血症的某些症状很相似，应注意鉴别诊断。鹅的鸭瘟病自然流行除鸭、鹅易感外，其他家禽不发病。鹅出血性败血症一般发病急，病程短，除鸭、鹅外，其他家禽也能感染发病。病鹅头颈不肿胀，食道和泄殖腔黏膜无假膜；取病鸭或病死鸭的心血和肝作抹片，经瑞氏染色镜检，可见到两极着色的巴氏杆菌；应用磺胺类药和抗生素有很好的疗效，而对鹅的鸭瘟病没有效果。在鹅的鸭瘟病流行中常并发巴氏杆菌病，因此检查有巴氏杆菌时，如应用抗生素和磺胺类药治疗无效者，应考虑并发感染。

(四) 防控措施

1. 预防措施

（1）免疫接种：平时可用鸭瘟疫苗对鹅群进行免疫接种，有良好的免疫预防效果。在疫区周围或附近地带，可用鸭瘟疫苗作紧急接种，肌内注射剂量为：15 日龄以上的鹅用鸭瘟疫苗10~

15 羽份量/支，15~30 日龄用 20~25 羽份量/支，30 日龄以上雏鹅及成年鹅用 25~30 羽份量/支。

（2）严格检疫隔离制度：平常严格禁止健康鹅与发生鸭瘟或鹅鸭瘟的病群接触。发生鹅鸭瘟后，应立即隔离。不从有病地区引种，经检疫无病后才能引鹅，并至少隔离观察 2 周以上，确保无疫后才可混群放养；防止健康鹅到有鸭瘟病流行地区和野生水禽区域放牧，避免接触具有传染性的病鹅鸭、饲料、用具等。

（3）严格卫生消毒制度：对鹅舍、运动场等定期用 2%氢氧化钠、10%石灰乳、5%漂白粉液消毒，各种用具以百毒杀、消毒王等浸泡消毒，饮用水可用 0.1%高锰酸钾液消毒。病毒对外界的抵抗力不强，80 ℃ 5 分钟即可杀死病毒，5%漂白粉溶液、5%生石灰水、2%氢氧化钠溶液对病毒都有很好的杀灭作用。

（4）强化免疫：对受威胁的鹅群可用鸭瘟弱毒苗进行免疫接种，雏鹅 20 日龄首免，0.2 mL/只肌内注射，5 个月后再免疫接种一次。种鹅 2 次/年，产蛋鹅在停产期接种，一般 1 周内产生免疫力。2 月龄以上的鹅肌内注射 1 次，免疫期可达 1 年。

2. 治疗方法

（1）西药治疗：①病鹅用抗鸭瘟血清治疗，每羽每次肌内注射 1 mL，同时肌内注射地塞米松 0.5 mg，在饲料中增加多维素含量，在饮用水中按比例加入口服补液盐（补液盐配方为氯化钾 1.5 g、氯化钠 3.5 g、小苏打 25 g、葡萄糖 20 g，温开水 1 000 mL），溶解后供病鹅自由饮用，不限量。2~3 次/天，连用 3 天。②为了防止继发感染，肌内注射恩诺沙星或卡那霉素等抗生素。经过以上方法治疗 7 天，基本可以控制病情的发展、控制死亡。治疗后病鹅精神会逐渐恢复，食料量增加，排粪恢复正常。

（2）其他方法：①每只病鹅用板蓝根注射液 1~4 mL，维生素 C 注射液 1~3 mL，或用地塞米松注射液 1~2 mL，1 次肌内注射，1~2 次/天，连用 3~5 天。②可试用中药大青叶 125 g、板蓝

根200 g、茵陈300 g、金银花125 g、茅草根500 g、川红花125 g、穿山甲125 g、苏马勃750 g，水煎拌料供20只鹅1日使用，3~5天为一疗程。③兔血疗法，用大麦或稻谷适量，在铁锅内炒热然后装入桶或缸内待温热时，再将现宰杀兔子的鲜血拌在温热的大麦或稻谷上。用沾有兔血的麦或谷粒喂病鹅，并在24小时内禁止病鹅下水，不给饮用水，其疗效可达95%以上。④鸽粪疗法，用鸽粪适量，并捣碎为粉末。按饲料量的3%~5%的比例拌入饲料中，投喂病鹅。早晚各喂1次，连续喂3天，其疗效可达98%。在拌料前，用适量清水浸泡鸽粪，调成稀糊状，然后掺入饲料中充分搅拌均匀。小鹅用米饭，大鹅用大麦、稻谷或玉米，与稀糊鸽粪拌和。

第二节　鹅常见细菌病的防制

一、水禽大肠杆菌病

水禽大肠杆菌病是由致病性大肠杆菌引起水禽的一种原发性或继发性传染病。临床上以脐炎、眼结膜炎、气囊炎、心包炎和败血症等为主要特征，是目前水禽尤其是幼龄水禽的一种较为常见的疾病。

（一）病原与流行病学

本病的病原是大肠埃希菌，菌体中等大小，不形成芽孢，为革兰阴性菌。本病在绵羊鲜血培养基上生长良好；培养24小时的大肠杆菌在普通营养琼脂培养基上形成圆形、隆起、光滑、湿润的半透明菌落；在麦康凯培养基上呈粉红色菌落。常见的致病性血清型有O1、O2、O6、O7、O8、O19、O45、O73、O78等。

大肠杆菌属于条件下致病菌，水禽饲养管理不当、禽舍潮湿、环境卫生差等不良因素均可促使本病的发生。不同品种和日龄的水禽均可发生感染致病，但在临床上常以 2~6 周龄的水禽较为多见，其中脐炎、败血症、眼结膜炎常发生于 1~2 周龄，心包炎、气囊炎、肝周炎等多见于 2~6 周龄的水禽。

患病水禽和带菌水禽是本病的主要传染源，随粪便排出的病原菌，散布于外界环境；污染的水源、饲料经健康水禽的消化道引起感染；也可通过孵化场和禽舍（棚）内的尘埃经呼吸道感染；或是病原菌经污染的入孵种蛋的蛋壳裂隙使胚胎发生感染，导致死胚或孵出的初生雏禽致病；病原菌也可通过损伤的皮肤入侵；而成年水禽还可以通过生殖器交配引起传染。

本病一年四季均可发生，幼龄水禽以温暖潮湿的梅雨季节易发，而舍饲的肉用水禽则以寒冷的冬春季节多见。水禽的发病率因日龄和饲养管理条件而异，为 5%~30%，通常是生长环境差、日龄小的水禽发病率高。

（二）临床症状

根据水禽发病日龄和病理特征，大致可分为以下几种病型。

1. 卵黄囊炎及脐炎型

临床所见患病雏禽，腹部膨大，脐部发炎肿胀，有的脐孔破溃，皮肤较薄，严重者颜色青紫。患雏精神差，喜卧嗜睡，食欲减退或废绝，饮用水少，常于 1~3 天内死亡，发病日龄多数在 3 日龄以内。

2. 眼炎型

患病雏禽眼结膜发炎、流泪，有的角膜混浊，眼角常有脓性分泌物，严重者出现封眼，逐渐消瘦，衰竭死亡。本病型常见于 1~2 周龄。

3. 脑炎型

临床上见于 1 周龄的雏水禽，患病水禽食欲减退或废绝，死前扭颈，频频抽搐，出现神经症状。

4. 关节炎型

临床上多见于7~10日龄雏水禽。病雏一侧或两侧跗关节或趾关节炎性肿胀，跛行，运动受限，吃食减少，患病雏禽常在3~5天内衰竭死亡。本病型有时还可见于青年或成年水禽。

5. 败血型

本病型可见于各种日龄的水禽，但以1~2周龄幼龄水禽较为多见。最急性的常无任何临床表现而突然死亡。急性的突然发病，精神、食欲减退，渴欲增强，腹泻，喜卧，不愿活动；有些病禽还出现呼吸道症状，病程1~2天。

6. 浆膜炎型

本病型常发生于2~6周龄幼禽，尤其是关养的鸭、鹅。患病鸭、鹅精神委顿，食欲减退或废绝，出现气喘、咳嗽、甩头等呼吸道症状，眼结膜和鼻腔常有分泌物，缩颈垂翅，羽毛松乱，常发生下痢；肛门周围羽毛沾污稀粪，脚蹼失水干燥；部分病例腹部膨大下垂，行动迟缓，触诊腹部有波动感。

7. 肉芽肿型

临床上见于青年或成年水禽，患病水禽精神沉郁，食欲减退，常下痢，行动缓慢，落群，羽毛蓬松，最后消瘦，衰竭死亡。

8. 生殖器官炎型

本病型常见于成年水禽，患病公水禽阴茎红肿发炎，常脱垂，病程长的阴茎上面有大小不等的干酪样坏死结节或痂块。患病母水禽产蛋减少或停产，常有软壳蛋或薄壳蛋，食欲减退或废绝，腹部膨大，下垂，拉稀，粪便中常混有蛋黄、蛋白或变性的凝固的絮状碎片，最后消瘦，衰竭死亡。

（三）病理变化

死于卵黄囊及脐炎的雏水禽，剖检可见卵黄囊膜水肿增厚，卵黄稀薄、腐臭，呈乌褐色或混有凝固的豆腐渣样物质，有的则见卵黄吸收不良，卵黄囊表面血管充血。患眼炎病死雏禽可见眼结膜肿胀，气囊轻度混浊。死于急性败血症的水禽，心包常有积液，心冠脂肪及心内膜有出血点。死于脑炎的雏禽，脑膜血管充血，脑实质有点状出血。患眼炎、脑炎及败血症的病死水禽，肝脏常肿大，呈古铜色或青铜色，有时可见散在的坏死灶；胆囊扩张、充盈；肠道黏膜呈卡他性炎症。

死于关节炎的水禽，剖检可见跗关节或趾关节炎性肿胀，内含有纤维素性或混浊的关节液。死于浆膜炎的水禽，心包积液，心内膜增厚，有些可见心包表面有一层灰白色或淡黄色纤维素膜覆盖；气囊混浊，有淡黄色纤维素性渗出；肝脏肿大，表面有灰白色或淡黄色纤维素膜覆盖，有的肝脏伴有坏死灶，病程较长的腹腔内有淡黄色腹水，肝脏质地变硬；有时脾脏也发生肿大，表面有纤维素性渗出。

发生肉芽肿的病死禽，可见心肌、肺、肠系膜上有绿豆到黄豆大小的菜花样坏死增生物；有时也见于肝脏、肾脏、胰腺、肠道黏膜发生坏死样肉芽肿病变。死于生殖器官炎的产蛋母水禽可见卵子变形、变性，腹腔内有多量凝固的卵黄碎片。

（四）防控措施

1. 预防

注意孵化场和种蛋的卫生消毒，避免种蛋遭受病原菌污染。加强饲养管理，注意环境卫生，及时清除粪便，更换垫草，保持禽舍（棚）的清洁干燥。应用水禽大肠杆菌多价苗乳剂苗进行预防接种，每羽肌内注射 0.5 mL，具有良好的预防效果。

2. 治疗

对于发生本病的水禽，应及时改善饲养管理，同时进行必要的抗生素药敏试验，筛选高敏抗菌药物治疗，具有良好的疗效。对于患有严重生殖器官感染的公水禽，应立即淘汰处理，不能再留作种用。

二、鹅蛋子瘟

鹅蛋子瘟又名卵黄性腹膜炎或种鹅大肠杆菌性生殖器官病，是产蛋母鹅常见的一种传染病。病原是一定血清型的大肠埃希菌。在母鹅受到其他细菌、病毒感染，通风条件不好及禽舍内氨气浓度过高时可以引发本病，公母鹅交配也是引起本病互相传播的重要途径之一，本病通常出现在产蛋期间，产蛋停止后本病流行也告终止。

（一）病原

本病病原是某些致病血清型大肠埃希菌，常见的有 O2K89、O2K-1、O7K1、O141K85 和 O39 等血清型。从病鹅的变性卵子和腹腔渗出物及公鹅外生殖器病灶中均可分离获得病原菌。

（二）流行特点

本病流行发生于产蛋期的公、母鹅，通常在产蛋初期或中期开始，贯穿整个产蛋期，发病率可达25%以上，死亡率在15%左右，病鹅所产的受精卵和孵化率明显降低，带菌公鹅与产蛋母鹅交配是本病的主要传播途径。母鹅发生蛋子瘟也与产蛋期及免疫注射等多种应激因素有密切的关系，公鹅在本病的传播中起重要的作用。当母鹅产蛋停止后，本病的流行也告终止。

（三）临床症状

病初，首先在产蛋的母鹅群内发现产软壳蛋与薄壳蛋，产蛋量下降。鹅精神沉郁，食欲减退，不愿行动，常离群呆立。病鹅肛门周围羽毛上沾有污秽、发臭的排泄物，排泄物中混有蛋清及凝固样的蛋白或卵黄小块。病后期，由于并发腹膜炎，病情加剧，病鹅体温升高，食欲废绝，羽毛干燥无光泽，精神极度不振，鹅体逐渐消瘦，最后饥饿失水、衰弱而死。少数病鹅能够自愈，但不能再产蛋。

公鹅的临床症状仅限于阴茎，一般轻者阴茎严重充血，肿大

2~3 倍，螺旋状的精沟难以看清，其表面有大小不等的黄色脓性或干酪样结节；严重时阴茎肿大更严重，并有部分露于体外，不能缩回体内；阴茎部分呈黑色的结痂面，而在基部有黄色脓性或干酪样结节，剥除后呈出血的溃疡面；多数公鹅在肛门周围有同样的结节，失去交配功能。

（四）病理变化

病死的母鹅常见眼球下陷，喙端发绀，最主要的病变在生殖器官，绝大部分病例病变的输卵管外观膨大，输卵管蛋白分泌部有大小不一凝固的蛋白团块滞留，在输卵管的其他部位，也有凝固卵黄或凝固蛋白块，或有干瘪的蛋壳，输卵管黏膜充血，常见输卵管黏膜和伞部有针头大小出血点，并有黄色或淡黄色纤维素性渗出物附着。在一些亚急性病例中，成熟卵泡破裂于腹腔，充满腥臭味带有淡黄色卵黄碎片的液体，腹腔脏器表面覆盖有浅黄色的纤维性渗出物。腹膜有炎症，肠系膜出血，肠道互相粘连。卵子发生炎症、变形，子宫和输卵管都有较严重的炎症。

公鹅的病变局限于外生殖器部分，其他内脏器官无异常。

（五）防制措施

平时应做好鹅群的卫生消毒工作，加强通风换气。对公鹅生殖器官逐只进行检查，发现有病变的公鹅及时淘汰，以防本病传染。

在本病流行的地区，可采用鹅蛋子瘟氢氧化铝灭活菌苗预防接种，在开产前 1 个月，每只成年公、母鹅每次胸肌注射 1 mL，每年 1 次。

对已发病的鹅群，应检查公鹅外生殖器，如有病变，应及时淘汰。确因配种需要一时无法解决的，除选择胸肌注射庆大霉素、卡那霉素或链霉素、20%磺胺嘧啶钠等药物积极治疗外，可将外生殖器上的结节切除，每天用过氧化氢清洗公鹅外生殖器，并在溃疡面创口处涂敷庆大霉素软膏，每天 1 次，连用 3~5 天。

此外，也可用5%碘甘油或3%的甲紫药水涂敷，每天1~2次，连用3~4天，均有较好的疗效。

三、水禽巴氏杆菌病

水禽巴氏杆菌病又称禽霍乱或禽出血性败血症，是鸭、鹅等水禽及其他禽类的一种急性败血性传染病。

（一）病原

本病病原是多杀性巴氏杆菌。培养24小时的多杀性巴氏杆菌，在血琼脂培养基上形成细小、半透明、光滑圆整、淡灰色的菌落。纯培养的多杀性巴氏杆菌为卵圆形呈革兰阴性小杆菌。组织触片，用瑞氏染色或亚甲蓝染色，具有两极浓染的特征；菌体呈卵圆形或短杆状，单个或成对排列。

（二）流行特点

本病常为散发性、间或地方性流行，各种家禽、野禽及多种野鸟均可发生感染，在水禽中鸭、鹅的易感性强，常呈急性经过。

病禽和带菌禽是本病的主要传染源。鹅群饲养管理不善，环境条件差，寄生虫病、营养缺乏、天气骤变等不良因素，致使机体抵抗力下降，均能促进本病的发生和流行。

本病的流行，无明显的季节性，鹅多发于秋冬和早春季节。

（三）临床症状

发生本病的水禽年龄大多在1月龄以上，根据病程长短，临床上可分为最急性、急性和慢性三种病型。

1. 最急性型

本病型主要发生于刚暴发的最初阶段，鸭、鹅往往不表现任何症状而突然死亡。常见鸭、鹅在放牧中突然倒地，迅速死亡；或当晚表现很健康，次日清晨已死于鸭、鹅舍（棚）内；或在运输途中死亡，发生该病的通常都是健壮或高产的水禽。

2. 急性型

患病鸭、鹅精神委顿，不愿下水游泳，行动缓慢，常落于鸭、鹅群后面，有些则不愿走动，羽毛松乱，容易被水沾湿，体温升高，食欲减退或废绝，口渴，眼睛半闭半睁，缩头弯颈，尾翅下垂，有时张口伸颈，呼吸困难，常摇头，欲将蓄积在喉部的黏液排出，故被称之为“摇头瘟”。

病鸭、鹅常发生剧烈腹泻，排淡绿色或灰白色稀粪，有时粪便中混有血液，腥臭味。喙和脚蹼明显发紫。患病水禽瘫痪，不能行走，通常在出现症状的1~2天内死亡。

3. 慢性型

病程稍长的转为慢性。患病水禽消瘦，一侧或两侧局部关节肿胀，触之有热痛感，跛行，行动受限，局部穿刺，可见暗红色液体，时间久的切开可见干酪样坏死或发生机化。

（四）病理变化

病死水禽尸僵不全，喙部及皮肤发绀，或皮肤上有少量出血斑点。剖检可见心包积液，有时可见心包液内混有纤维素絮片，心冠脂肪及心内外膜有出血斑点；肺淤血、水肿；肝脏肿大、质脆、色暗红，表面密布针尖状灰白色坏死点或间有出血点（图5-34），胆囊常肿大；多数病例脾脏肿大，常有散在或密集的灰白色坏死灶，肠道黏膜尤其是十二指肠黏膜弥漫性充血、出血，肠内容物中含有脱落黏膜碎片的淡红色液体；胰腺肿大，有出血点（图5-35），腺泡较明显；腺胃、肌胃及全身浆膜常有出血斑（图5-36）；皮下组织及腹部脂肪也常有出血斑点（图5-37）。死于慢性型的水禽可见关节囊增厚，内含有暗红色、浑浊的黏稠液体，病程长的，可见粗糙、常附着黄色的干酪样物质；肝脏发生脂肪变性和有坏死灶。

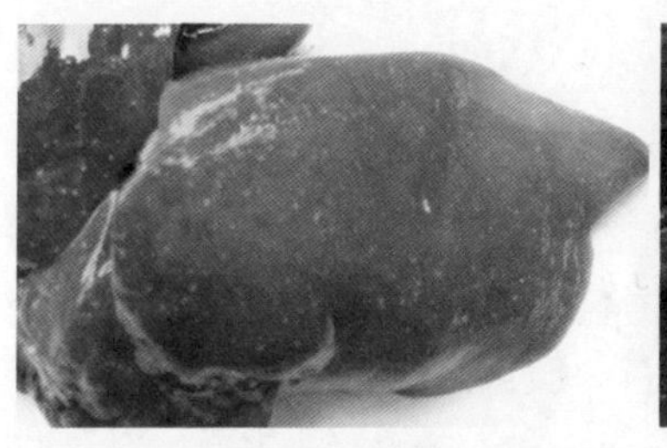

图 5-34 肝肿，密布针尖状灰白色坏死点

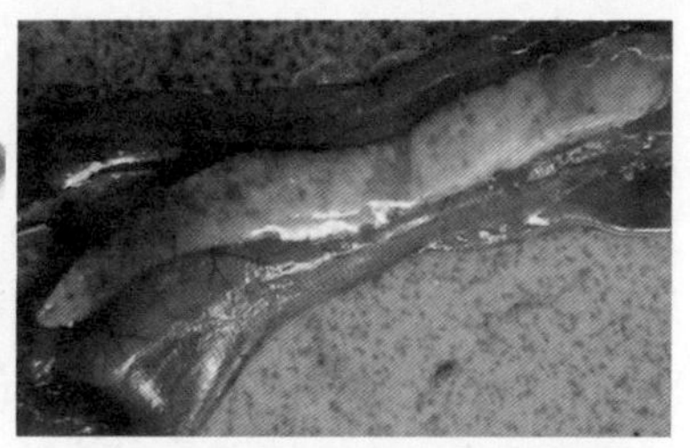

图 5-35 胰腺肿大，有出血点

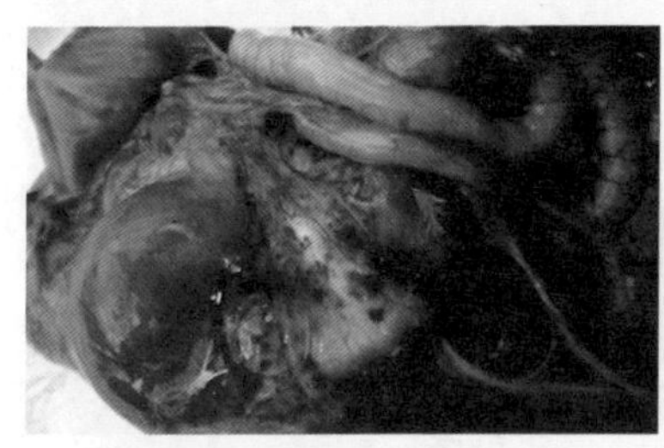

图 5-36 腺胃、肌胃及全身浆膜常有出血斑

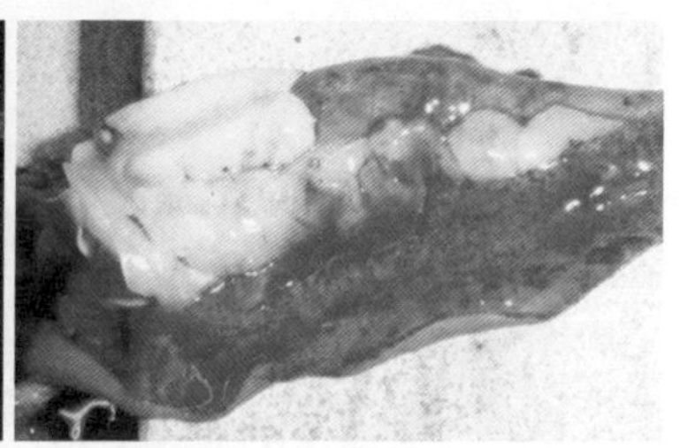

图 5-37 皮下组织及腹部脂肪出血斑

（五）防制措施

1. 预防

在常发地区给健康水禽接种禽霍乱菌苗是预防本病发生的有效方法。禽霍乱菌苗可分为灭活苗和致弱菌苗两种。在灭活菌苗中主要是禽霍乱氢氧化铝胶灭活苗和禽霍乱组织灭活苗，其优点是使用安全，接种后无明显的不良反应，在紧急预防注射本菌苗时可同时应用药物，可使疫情得到及时的控制。使用剂量为 2 月龄以上的水禽，每羽肌内注射 2 mL。禽霍乱活菌苗为致弱菌株的真空冻干制品，其免疫期比灭活菌苗稍长，使用剂量每羽 1 mg，但接种后，可能产生一定的反应。此外，还应注意加强平时的饲养管理，严格执行卫生消毒制度，杜绝从患病禽群中引进

水禽。

2. 治疗

对于发生本病的禽群，应用磺胺类、服喹诺酮类及其他多种抗菌药物治疗，均有良好的疗效，常可降低发病率和死亡率。如磺胺异噁唑按0.4%~0.5%混于饲料中；或用复方磺胺对甲氧嘧啶，按每千克体重50~80 mg拌料内服；或用诺氟沙星按每千克饲料添加100 mg，上述药物，任选一种，连用5~7天。对于出现症状的水禽也可用链霉素按每千克体重3万~5万单位肌内注射。

四、鹅浆膜炎

该病又称鹅鸭疫里默氏杆菌病，是由鸭疫里默氏杆菌引起的一种接触性传染病。近年来国内学者证实，鹅群也发生本病，并在某些养鹅区广泛流行，给养鹅业造成很大的威胁。本病主要侵害2~8周龄雏鹅。临诊症状为鹅精神沉郁，流泪，鼻分泌物增多，呼吸困难，下痢，共济失调和头颈震颤。病变特点是呈现纤维素性心包炎、肝周炎、气囊炎及脑膜炎。耐过的鹅生长迟缓。养鹅场一旦传入本病，就成为灾难性鹅场。因为本病持续存在，连绵不断，引起不同批次的雏鹅感染发病，防不胜防，治不胜治，相当被动，是造成养鹅业经济损失最严重的疫病之一。

（一）流行病学

本病除引起鸭发病之外，在国外也有关于火鸡、鸡、鹅和某些野禽感染发病的报道。近年来，鹅感染本病的病原菌后的发病率和死亡率在某些地区很高。

在自然条件下，1~8周龄的鹅均易感，日龄愈小的雏鹅对本病的易感性愈高。急性型病例主要发生于4~8周龄的小鹅，8周龄以上的鹅一般较少发病。耐过鹅生长发育不良。1周龄以内的雏鹅较少发生本病，究其原因，有些学者认为有可能雏鹅体内存

在母源抗体。有些学者却认为本病的潜伏期为1~3天，有时可长达1周左右，即使雏鹅一出壳就感染本病病原体，也要经过3~5天潜伏期之后才发病或死亡。因此，在1周内发病和患本病而死亡的雏鹅相对较少。但随着病例的增加，患病雏鹅不断排菌，逐步扩大传染，从第2周开始，发病和死亡的雏鹅数量逐步增加，症状和病变逐步典型。在一些饲养条件较差或存在较为复杂的应激因素的鹅场，1周龄以内雏鹅发生本病的例子确实存在，但与2~3周龄雏鹅的发病率和死亡率相比，当然少得多，往往容易被忽略。况且不同母鹅群的后代也不可能存有较为一致的母源抗体。死亡率的高低一方面取决于鹅场生物安全条件的好坏、发病的季节、菌株毒力的大小和雏鹅日龄，另一方面取决于雏鹅群发生本病时是否有并发症的存在。该病死亡率一般为3%~30%，有并发症存在的情况下，死亡率可高达50%~80%。一般情况是新疫区雏鹅群发生本病后，其死亡率明显高于老疫区。然而，当老疫区环境污染程度严重，背景性疾病多种多样时，老疫区鹅群一旦发生本病后，其死亡率往往高于新疫区。

本病多发生于低温、阴雨和潮湿的冬春季节。其余季节偶有发生，即使发病，发病率和死亡率也相对较低。本病常与大肠杆菌病、禽霍乱、沙门杆菌病、葡萄球菌病和链球菌病等并发或继发感染。

本病主要经呼吸道和损伤的脚蹼皮肤伤口感染。本病的发生、流行及危害程度与鹅群所受到的应激因素有密切关系。本病可通过被污染的饮用水、饲料、尘土及飞沫经消化道传染。育雏室的饲养密度大、卫生条件不良、饲料中缺乏维生素和微量元素等都是诱发和加剧本病发生和流行的因素。到目前为止，还未证实本病可以垂直传播，但不能忽视经被病原污染的蛋壳而传播的可能性。

（二）临床症状

本病的潜伏期为1~5天，有时可达1周左右。潜伏期的长短往往与菌株的毒力、感染的途径及应激等因素有关。在不同的鹅场，当鹅群受到本病侵袭时，所表现的病状及病型不尽相同，有的以急性型为主，而大多数鹅群则表现为亚急性型或慢性型。

1. 最急性型

此型病鹅常看不到任何明显的临诊症状而突然死亡。

2. 急性型

此型病例最常见。初期病鹅闭目嗜睡，精神沉郁，羽毛松乱，少食或食欲废绝，离群独处等。病鹅缩颈、歪颈，头颈震颤、频频摇头，或嘴触地面。腿乏力，不愿走动或行动迟缓，蹒跚，共济失调甚至伏地不起，在病的后期发生瘫脚，完全站不起来。患鹅流泪，眼眶周围绒毛湿润并粘连，形如“戴眼镜”（图5-38）。鼻腔或窦内充满浆液性或黏液性分泌物，并常流出鼻孔四周，一旦干涸则使患鹅出现呼吸困难，同时出现频频咳嗽，打喷嚏。随着病程延长，部分病鹅的鼻腔和窦内充塞干酪样物。拉黄白色、绿色稀粪。濒死前出现神经症状，如摇头、点头，或头向后仰和两脚伸直呈“角弓反张”状态，两脚做前后摆动，尾部轻轻摇摆，然后出现抽搐，不久即死亡。部分病例呈阵发性痉挛，在短时间内发作2~3次后死亡。病程一般为1~3天，若无并发症，则可延至4~5天，4~5周龄以上的雏鹅，病程可延至1周以上。若并发大肠杆菌病，病程缩短。

3. 亚急性或慢性型

此型病例多数发生于日龄稍大及病程长达1周以上的雏鹅。主要表现为精神沉郁，食欲减退，两腿无力，伏地或以跗关节着地，不愿走动，并常出现神经症状，痉挛点头，摇头摆尾，前倒后仰，歪头。若遇到惊扰时，病鹅不断鸣叫，颈部扭曲，转圈或倒退。发育严重受阻，最后衰竭而死。

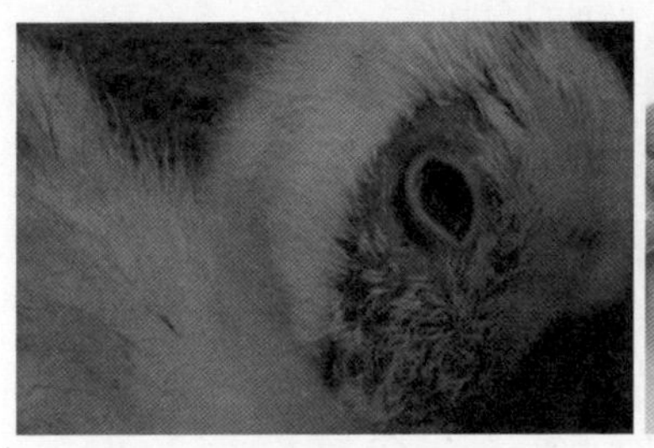

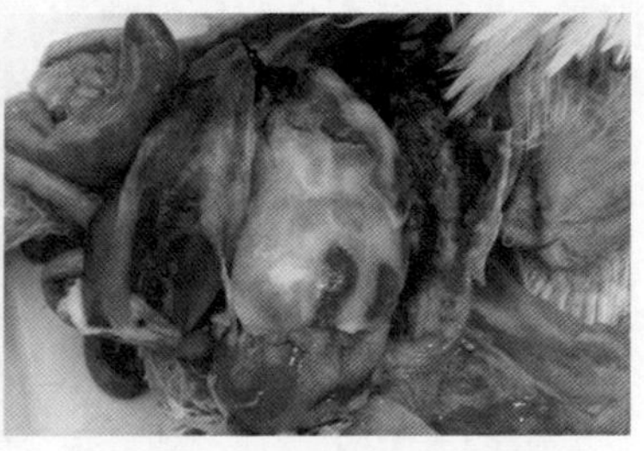

图 5-38　流泪

图 5-39　混感时肝脏表面的纤维素性膜较厚

（三）病理变化

1. 最急性型

常见不到明显的病变。

2. 急性型

（1）肝脏：肝脏肿大，表面覆盖一层灰白色或略为黄色的纤维素性薄膜。若无并发大肠杆菌病，则这层薄膜紧贴肝脏表面，往往被经验不足者忽略。若稍微留意观察，就可发现肝脏表面颜色稍为灰白色，小心从肝脏边缘挑起，则极易剥离，且见肝被膜光滑。若并发大肠杆菌病，则肝脏表面的纤维素性膜比较厚，呈灰白色稍带黄色，更易剥离（图 5-39）。

（2）心脏：急性病例，见心包液明显增多，并出现数量不等的白色絮状的纤维素性渗出物，心包膜增厚混浊，呈灰黄白色。心外膜表面常可见粘上一层灰白色或灰黄色的纤维素性渗出物。病程稍长的病例，心包液减少至完全消失，心包腔内纤维素性渗出物干涸，以致心包膜与心外膜粘连，难以剥离。

（3）气囊：气囊壁混浊增厚，气囊腔附有灰白色纤维素性渗出物，尤以颈、胸气囊为明显。严重病例可见气囊内有灰白色块状物。

（4）其他器官的病变：脾常见肿大，呈红灰色斑驳状，或肿胀不明显，表面附有纤维素性薄膜。有些病例肺呈黑色或呈不同程度的间质性水肿。出现神经症状的病例，可见脑膜充血、水肿、增厚或有纤维素性渗出物附着。

3. 亚急性型或慢性型

有些病例常可见到单侧或两侧跗关节肿大，关节液增多。少数病例还可出现干酪性输卵管炎。输卵管明显膨大增粗，管中充满大量的干酪样物质。眶下窦有干酪样渗出物。

（四）鉴别诊断

1. 与大肠杆菌病的鉴别

大肠杆菌可引起不同的病型，如眼炎型、败血型、关节型、卵黄性腹膜炎型、脐型等，需要与本病鉴别的是大肠杆菌败血型。鹅患大肠杆菌病时肝呈现肿大、出血，并有灰白色、边缘不整齐的坏死点，也可呈现肝周炎、心包炎和气囊炎。肝脏表面的纤维素性渗出物形成的薄膜比较厚，容易剥离。常表现腹膜炎，尤其是种鹅常发生大肠杆菌性卵黄性腹膜炎，剖开腹腔可嗅到大肠杆菌繁殖过程中的特殊气味。大肠杆菌可发生于各个生长阶段的鹅，在临诊症状上不引起头颈震颤、歪颈等神经症状。鹅的鸭疫里默氏杆菌病与大肠杆菌病经常混合感染。至于病原菌的鉴别可参考本书有关部分，这两种菌体在形态、培养、生化及对小动物的致病性等方面，有很大的区别，极易鉴别。

2. 与鹅多杀性巴氏杆菌病的鉴别

巴氏杆菌能引起各种日龄鹅发病，尤其是成年鹅、青年鹅，其发病率比幼龄鹅高；而鸭疫里默氏杆菌仅引起 7~8 周龄以内的鹅发病，7~8 龄以上的鹅只发病较少。这一流行病学特点是具有重要鉴别意义的。巴氏杆菌病常发病急，死亡快。主要病变是全身脂肪、浆膜及黏膜出血，尤其心冠沟脂肪、十二指肠黏膜有出血点；肝脏见有灰白色、针尖大小、边缘整齐、稍突出于肝表面的坏死点。这是鹅巴氏杆菌的特征性病变，并无鸭疫里默氏病

的“三炎”病变。有必要时可进行病原菌的鉴别。

（五）防制措施

本病的发生和流行，一方面是与应激因素的存在有非常密切的关系；另一方面是其他疾病的并发感染。或者以上两种因素同时存在时，就会诱发和加剧本病的发展，并造成大批鹅只死亡。因此，预防本病的发生以及一旦发病之后，就必须采取正确的防制策略，才能收到应有的效果。

1. 预防

加强饲养管理，注意补充维生素和微量元素。改善育雏室的卫生条件，清除地面的粗沙石及锐利异物，防止雏鹅脚蹼底面受损伤。

做好冬春季的保暖工作，尤其是育雏阶段室温的科学控制，尽量减少应激因素的刺激。

切忌育雏阶段饲养密度过高，注意鹅育雏室保持通风良好，鹅舍地面保持干燥，勤清扫粪便，加强消毒。

不少鹅场由于从疫区引进带菌种蛋和带病种苗而导致了本病的发生，这是沉痛的教训。

进行疫苗接种是预防策略中最有效的措施。由于本病原菌有多种血清型，且不能交互免疫，而本病在流行过程中可能出现多种血清型混合感染，因此，在应用疫苗时就必须选用同型菌株的疫苗，以确保最佳的免疫效果。在缺乏条件确诊本病流行菌株血清型的情况下，明智的做法是选购本病的多价疫苗进行免疫，保证免疫效果。

目前国内已研制成功的疫苗有鸭疫里默氏杆菌病甲醛灭活苗、铝胶灭活苗、油乳剂灭活苗和鸭疫里默氏杆菌/大肠杆菌油乳剂灭活二联疫苗及组织灭活疫苗等。

甲醛灭活苗需两次免疫。铝胶灭活苗是在 10 日龄免疫后 1 周即可检出抗体，第 2 周达到高峰，但随后即迅速下降至较低水平，需在 30 日龄时进行二次免疫。

油乳剂灭活疫苗效果最好。目前有生产含有 1、2 型及 2 个非 1 非 2 型菌株的疫苗。肉鹅在 4~7 日龄于颈部皮下注射，约 15 天后产生免疫力（在设有其他传染病流行或同时做好大肠杆菌病及禽流感的免疫接种的基础上），鹅群的发病率大大降低，肉鹅的出栏率达 95%以上。由于本病常与大肠杆菌并发感染，只注射鸭疫里默氏杆菌病油乳剂灭活苗，往往效果不稳定。因此，明智的做法是采用本病与大肠杆菌病油乳剂灭活二联苗，多年来的实践证明这种二联苗效果良好。

组织灭活苗效果也不错，注射后约 4~5 天产生免疫力，但免疫期较短。鹅只发病后也可进行注射，可以起到减少死亡的作用。

2. 治疗

（1）已暴发本病的鹅群，可采用如下方案进行治疗，以减少损失。

1）颈部或腹部皮下注射硫酸丁胺卡那霉素（又称硫酸阿米卡星），每千克体重 2.5 万~3 万 IU，隔一天注射一次，连用 3 次。

2）硫酸新霉素饮用水，按 0.01%~0.02%连饮 3 天。饮前停水 1 小时，增加饮用水器。

3）磺胺二甲基嘧啶按 0.3%的比例拌料，连服 3 天。饮用水加喂维生素 B，以提高食欲。

4）庆大霉素（每千克体重 3 000~5 000 IU）加阿莫西林（每千克体重 20~50 mg）混合注射。

（2）立即注射鸭疫里默氏杆菌病组织灭活苗，每只胸部皮下注射 0.5 mL，4~5 天后产生免疫力。

1）在未产生免疫力之前，用 5%的氟苯尼考按 0.2%的比例混料连喂 5 天。严重者用 5%的注射液按每千克体重 0.8 mL（每千克体重 40 mg）胸部皮下注射，每天 1 次，连用 2 次。

2）盐酸二氟沙星拌料，每 40 kg 料用 5 g，或按 0.015%~

0.02%，每天1次，连用3天。

3）喂完抗菌药物之后，为了调整肠道的微生物区系的平衡，应喂微生态制剂。

由于各地分离的鸭疫里默氏杆菌所做的药敏试验的结果有较大的差异，所以有条件的可在用药前先做药敏试验。倘若无条件做药敏试验的可选用过去鹅场未用过或少用的抗菌药，以避免病原菌产生抗药性。

五、水禽曲霉菌病

曲霉菌病是水禽的一种常见的真菌病，又名霉菌性肺炎。多种禽类和哺乳动物均可感染。鸭、鹅主要发生于幼龄，多呈急性经过，发病率很高，造成大批死亡。成年鸭、鹅多为散发。本病在我国南方较多发生，北方多见于地面育雏的鸭、鹅群。

（一）病原与流行病学

最常见且致病性最强的为烟曲霉菌，其孢子在自然界分布较广泛，常污染垫料及饲料（图5-40）。除此之外，也可能由其他曲霉引起感染，如黄曲霉、黑曲霉、构巢曲霉等。

致病性曲霉菌能产生蛋白溶解酶和具有溶血特性的内毒素。病原体对外界具有显著的抵抗力。干热120℃经1小时，煮沸5分钟方可杀死病原体。消毒药如2.5%福尔马林、水杨酸、碘酊需经1~3小时方能灭活。

各种禽类均能感染，以雏鸭、鹅常见，发病多为群发性和急性经过，出壳后2天内的雏鸭、鹅最易感，5~7日龄时发病率达到高峰，死亡率可达50%以上。本病暴发常因饲料或垫料发霉所致。在孵化过程中的胚蛋，亦可由霉菌的菌丝体穿透蛋壳，特别是进入气室内而使胚胎感染，孵出的雏鸭、鹅即出现病状。梅雨季节本病较多见。成年鸭、鹅感染发病一般为散发，呈慢性经过，死亡率较低。

图 5-40　烟曲霉及在鸡蛋内形成的霉斑

（二）临床症状

潜伏期 3~10 天，急性病例发病后 2~3 天内死亡。主要发生于雏禽，病禽食欲减退或拒食，呼吸困难，伸颈张口，喘气，精神抑郁，缩头闭眼，口腔、鼻腔流出黏液性分泌物，有时呼吸时发出特殊的沙哑声，打喷嚏，渴欲增加，羽毛蓬松，两翅下垂，对外界反应淡漠。常见有胃肠道活动紊乱症状，下痢，急剧消瘦和死亡，死亡率可达 50%~100%不等。慢性型症状不明显，主要呈现阵发性喘气，食欲不良，下痢，逐渐消瘦以致死亡。

（三）病理变化

死于急性病例者，腹腔、肺脏、气囊均有散在数量不等、米粒大小黄白色结节（图 5-41），结节的硬度似橡皮样，切开呈同心圆轮层状结构，中心为干酪样坏死组织，气管黏膜充血，肝脏瘀血和脂肪变性。

慢性型病例，见有支气管肺炎变化；肺实质中有大量灰黄色结节（图 5-42），切面呈干酪样团块，这种结节在胸部的气囊也可见到。部分胸部气囊和腹部气囊膜上有厚 2~5 mm 圆碟状中央凹的霉菌菌落，或称霉菌斑，有时被纤维素湿润，并呈灰绿色或浅绿色粉状物。体腔内有时也会有散在的霉斑（图 5-43），此菌

图 5-41　气囊散在数量不等、米粒大小黄白色结节

落见于鼻腔、眶下窦、喉、气管和胸腹腔浆膜，有时见腹膜炎。

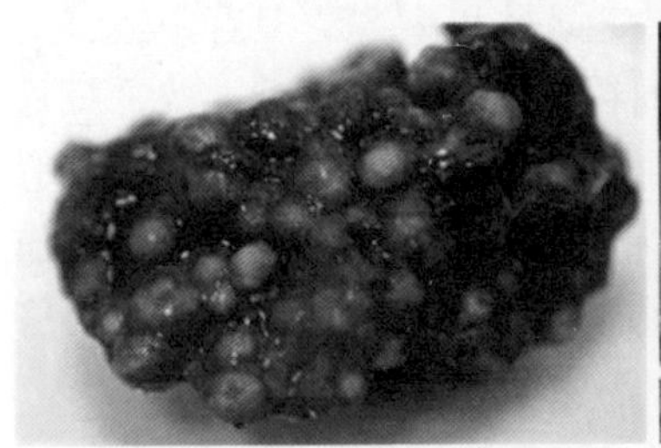

图 5-42　肺实质中有大量灰黄色结节

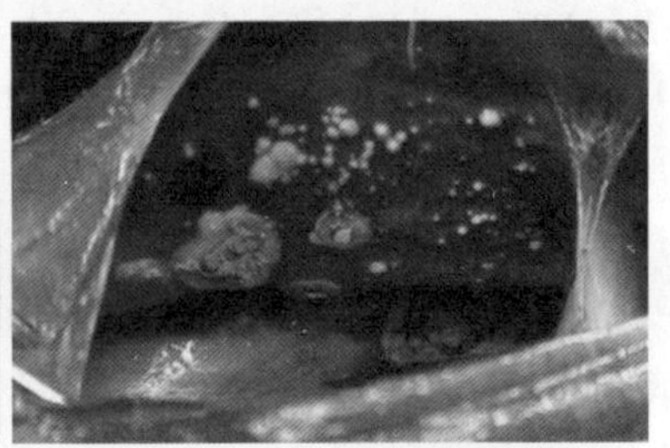

图 5-43　体腔内有散在的霉斑

（四）实验室检查

1. 直接镜检

取肺部结节中心干酪样组织，置玻片上，加生理盐水 1～2 滴，碾碎压片镜检，可见树枝状菌丝体。

2. 分离培养

将病变肺组织以点种法接种于马铃薯培养基上，37 ℃培养 24 小时后，有灰黄色绒毛状菌落；36 小时后，菌落呈面粉状，蓝绿色，形成放射状突起，取培养物触片镜检，可见许多孢子小梗，形如葵花状。

3. 菌体鉴定

取一滴乳酸苯酚棉兰液于载玻片上，挑取少许菌体，置载玻片的液滴中，并用针将菌丝体分开，勿使成团，加盖被片，置显微镜下观察。根据其上述形态特征进行鉴定。

（五）防制措施

（1）注意加强饲养管理，做好环境卫生，特别是鸭、鹅舍的通风和防潮。

（2）不用发霉垫草，禁喂发霉饲料。

（3）鸭、鹅舍和种蛋在产出后清洗和熏蒸消毒，可用福尔马林熏蒸消毒或0.5%苯扎溴铵消毒。

（4）及时隔离发病病雏，霉变饲料和垫草清理后销毁，用1∶2 000硫酸铜消毒禽舍。并在饲料中加入制霉菌素，按每只日用量3~5 mg拌料喂服，病重时可适当增加药量灌服，每天2次。连续2~3天。以1∶3 000的硫酸铜溶液或0.5%~1%碘化钾液作为饮用水，饮水3天，空2天，再饮水3天。

六、鸭鹅念珠球菌病

禽念珠球菌病又称鹅口疮，是由条件性致病菌白色念珠菌引起的一种家禽上消化道的真菌性传染病，可见于多种家禽和野禽。病禽生长发育不良，精神萎靡、闭目、羽毛松乱、不愿活动、食欲减退或废绝，嗉囊黏膜增厚、呈灰白色、有圆形溃疡，常见伪膜性干酪样斑块。口腔黏膜呈黄色。

（一）病原与流行病学

白色念珠菌为假丝酵母菌，革兰染色阳性，在培养基上形成表面光滑菌落，呈现灰白色或奶牛色（图5-44、图5-45）。

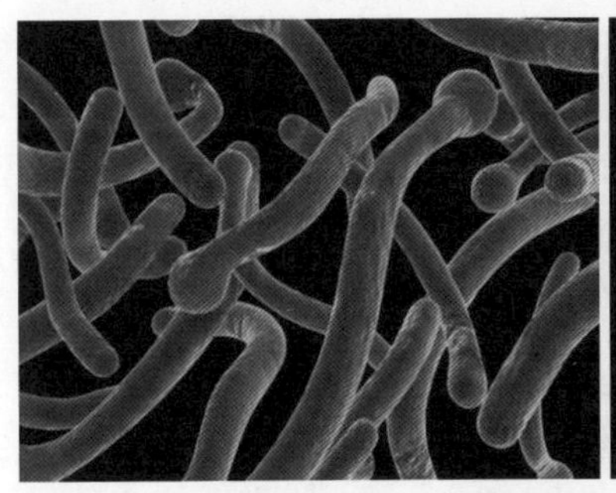

图 5-44 念珠菌假菌丝扫描电镜图

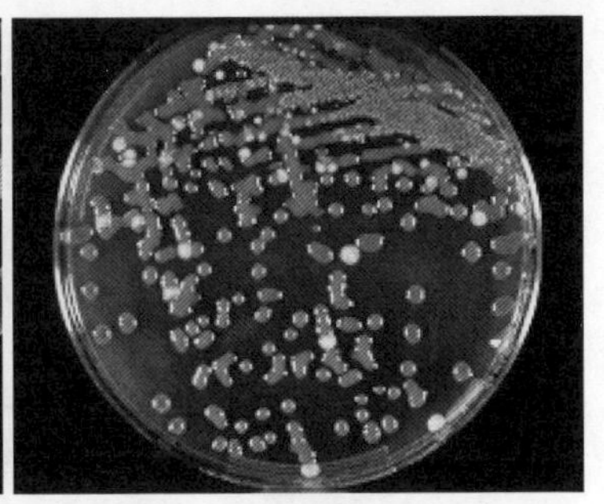

图 5-45 白色念珠菌菌落

白色念珠菌广泛分布于自然界的各种动物，禽类与人消化道黏膜上也可经常见到，大多数病例由内源传染引起。机体营养不良、维生素缺乏、长期使用广谱抗生素或皮质类固醇，或各种原因使机体抵抗力降低，均容易诱发本病。填饲鸭、鹅易造成食道损伤，为白色念珠菌的感染提供了位点（图 5-46）。另外，也可通过被粪便污染的饲料与水经消化道传染。以鸡、鸽最敏感，鸭、鹅次之。雏禽的易感性、发病率与致死率均比成年禽高，4 周龄以下的家禽感染后迅速大批死亡，3 月龄以上的家禽多数可康复。

（二）临床症状

家禽患病后生长发育不良，精神委顿，羽毛松乱。嗉囊黏膜增厚，上面形成灰白色稍稍隆起的圆形溃疡，溃疡表面常见有伪膜性斑块；食道有黄色伪膜（图 5-47）。口腔黏膜上常形成黄色、干酪样典型鹅口疮。腺胃偶尔也受到波及，黏膜肿胀、出血，覆盖着一种卡他性或坏死性的炎性渗出物（图 5-48）。鹅的上消化道黏膜的特征性增生与溃疡病灶，常可作为本病的诊断依据。

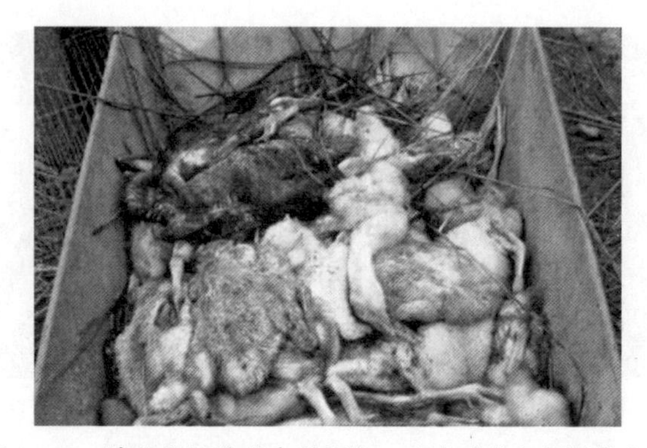

图 5-46　填鹅往往造成食道损伤，为念珠菌入侵提供方便

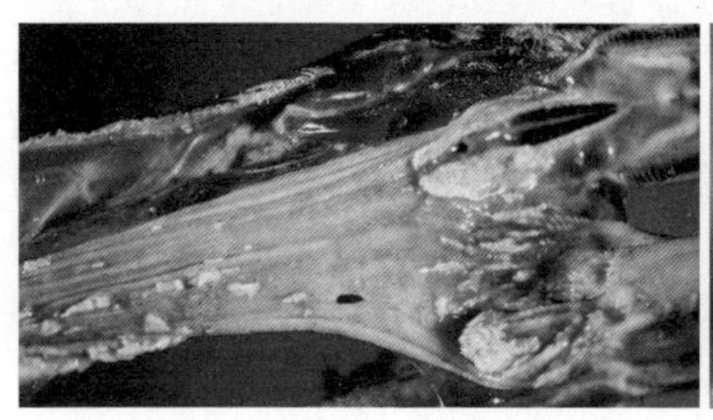

图 5-47　鹅食道有黄色伪膜

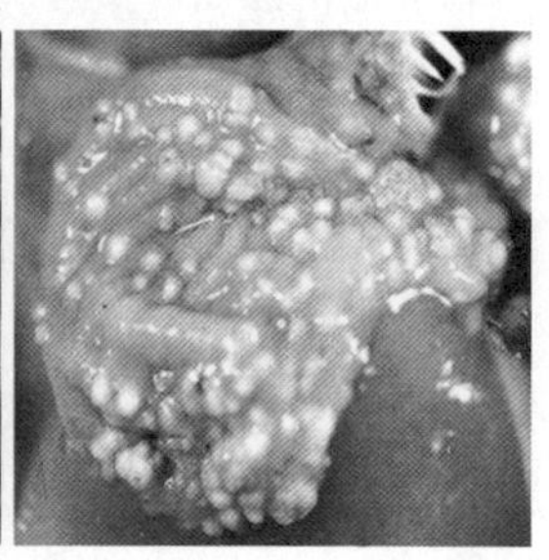

图 5-48　腺胃黏膜有大量白色、稍隆起的圆形溃疡

（三）防制措施

（1）做好鹅舍卫生，种蛋严格消毒。

（2）口腔黏膜溃疡可以涂碘甘油，嗉囊中可以灌入 2% 硼酸。在饮用水中添加 0.05%硫酸铜有较好的治疗效果。饮用水中加入碳酸钠，可以升高嗉囊内 pH 值，创造一个不利于白色念珠菌（喜好酸性环境）生存的环境。

（3）大群鹅按每千克饲料中加制霉菌素 50 万～100 万 IU，连用 7～21 天。

七、其他感染类疾病

（一）鸭、鹅衣原体病

水禽衣原体病又称鸟疫、鹦鹉热，是由鹦鹉衣原体引起禽的一种急性或慢性接触性传染病。鸭、鹅均可感染，又以雏禽易感性最高。

1. 病原与流行病学

本病原为鹦鹉衣原体。衣原体是一类球形或梨形微生物，属细胞内寄生，只能在易感的动物和细胞培养物内复制，不能运动，革兰阴性，对理化因素和热的抵抗力不强。

鹅等水禽对病原体有较强的抵抗力，一般多呈隐性感染。雏禽易感性比青年水禽高。当饲养卫生条件差，应激大，以及并发感染时，可能引起流行。

2. 临床症状

患病水禽精神欠佳，呆立，步伐不稳，行动缓慢。有些病禽关节肿大，行走跛行，食欲减退或废绝。腹泻，排黄白色或浅绿色稀粪，肛门四周羽毛污秽粘连。眼结膜炎，鼻腔和眼有浆液性或脓性分泌物，眼周围绒毛污秽黏结。有的病禽呼吸困难，张口呼吸。病程长的患禽消瘦，死前出现神经症状或瘫痪。患病种群产蛋率大幅度下降，出雏率也下降。

3. 剖检变化

患禽消瘦异常，全身脂肪消失，鼻腔和气管内有多量黏性分泌物。胸腔有多量混浊分泌物，或常混有纤维素性分泌物。腹腔有多量纤维素性分泌物覆盖于脏器。有的器官发生粘连。肝脏肿大，有弥漫性或散在性针头大小灰白色坏死点。脾脏肿大。气囊混浊，增厚，有纤维素性分泌物附着。心包腔有多量浆液纤维索性分泌物，心外膜有大小不一的出血点。胸部肌肉萎缩。

4. 诊断与防制

根据本病的流行特点、临床症状和剖检病变可做出初步诊断，确诊须依靠实验室诊断。

水禽衣原体病还没有可应用的疫苗。平时应加强饲养管理和卫生消毒，定期在饲料中添加金霉素能有效地控制本病的发生。

禽群一旦发现本病，可用金霉素、卡那霉素、庆大霉素、氟苯尼考等药物治疗。

（二）水禽支原体感染

该病又称水禽支原体病、水禽传染性窦炎、水禽慢性呼吸道病，为由支原体引起的雏禽慢性传染病。

1. 病原与流行病学

本病病原为支原体科、支原体属水禽支原体（图 5-49），对环境抵抗力不强，一般消毒药物均可有效灭活。

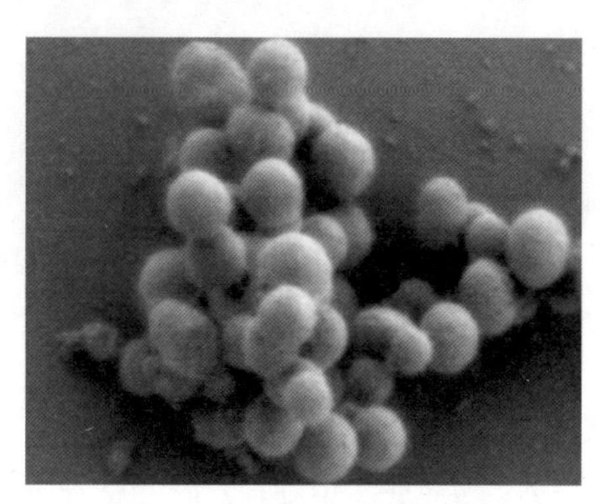

图 5-49　支原体扫描电镜图

本病一年四季均可发生，多发生于 2~3 周龄以内的雏禽。发病率和病死率的高低除与日龄有关外，还与日常有无用抗生素药物、有无并发感染、饲养管理、卫生条件，以及有无应激等均有关系。

2. 临床症状

患雏病初一侧或两侧眶下窦呈隆起的肿胀，有波动感，后期肿胀部变硬实（图 5-50）。鼻腔黏膜发炎，有浆液性或黏液性或脓性分泌物流出，或干痂堵塞鼻孔。患禽有不断甩头或用爪抓鼻部等呼吸不畅症状。眼四周绒毛污染结块。精神欠佳，食欲减退，生长缓慢。在种鹅群引起的主要问题是产蛋量减少和受精率降低，交配期的炎症可以导致受精率极低。

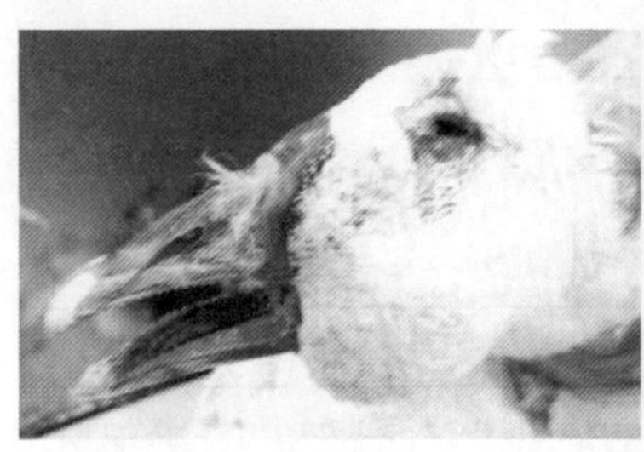

图 5-50　眶下窦肿胀

图 5-51　眶下窦充满多量灰白色浆性或干酪样分泌物

3. 病理变化

眶下窦充满多量灰白色浆性、黏性分泌物或干酪样分泌物（图 5-51），黏膜充血、水肿、增厚。气囊浑浊、增厚。喉头和气管黏膜充血、水肿，有浆性或黏性分泌物。内脏器官无明显肉眼病变。

幼鹅感染可以导致生长减慢、呼吸系统和气囊感染。感染幼鹅的治疗方法为添加四环素或泰乐菌素到饮用水中。

4. 诊断与防制

根据本病的临床症状和特异性剖检病变可做出初步诊断，确诊须依靠实验室病原分离诊断。

水禽支原体病还没有可预防的疫苗。平时应加强饲养管理和卫生消毒，定期在饲料中添加泰乐菌素，能有效地控制本病的发生。

幼鹅的感染来源是孵化蛋。本病防控的重要措施是保证幼鹅的祖代和父代来自于无支原体的种群，孵化前，将种蛋放入1 500~2 000 mg/L泰乐菌素溶液中浸泡。

患病水禽可用泰乐菌素、多西环素、土霉素等药物，添加于饲料或饮用水中，一般连用3~5天，能有效地控制流行。

第三节　鹅常见寄生虫病的防制

一、鹅吸虫类寄生虫病

（一）鹅棘口吸虫病

鹅棘口吸虫病是由卷棘口吸虫寄生于鹅的直肠和盲肠中所引起的一种寄生虫病。患鹅表现有下痢、贫血、消瘦、出血性肠炎等变化，严重的可引起死亡。鹅、鸭等多种家禽可以感染，在我国流行甚广，对幼雏的危害性极大。

1. 病原

鹅棘口吸虫病的病原为棘口吸虫，属棘口科。棘口吸虫种类很多，我国已发现本科吸虫近120种。常见的有卷棘口吸虫、宫川棘口吸虫和强壮棘口吸虫等，以卷棘口吸虫最为普遍。

卷棘口吸虫呈长叶状，淡红色，体表有小刺，虫体长7.6~12.6 mm，宽1.26~1.60 mm，其特点是虫体前端具有发达的头冠，头冠上头棘35~37个，口、腹吸盘相距较近，口吸盘大于腹吸盘。卵黄腺发达，分布在腹吸盘后虫体两侧。

虫卵呈椭圆形，金黄色，大小为（114~126）μm×（64~72）μm，虫卵稍尖的一端有一卵盖。

2. 生活史

棘口科吸虫的发育需要两个中间宿主，第一中间宿主为淡水螺等，第二中间宿主为淡水螺或蝌蚪等。虫卵随鹅等终宿主的粪便排出体外，适宜的条件下在水中孵化出毛蚴，钻入第一中间宿主淡水螺（椎突螺、萝卜螺等），在其体内经胞蚴和一、二代雷蚴后发育为尾蚴，尾蚴离开第一中间宿主进入水中，遇到第二中间宿主淡水螺（扁卷螺、豆螺等）、蚬、蝌蚪后，进入其体内发育为囊蚴。鸭、鹅食入了含有囊蚴的蝌蚪或螺而被感染。囊蚴中的童虫附着在肠壁上，经过 16～22 天发育为成虫。成虫寄生于直肠和盲肠。

3. 流行病学

棘口吸虫病流行较为广泛，尤其在长江流域及其以南各省、自治区更为多见。放养的或饲喂过水生植物的家禽，发病率高。对幼雏的危害性极大。

4. 临床症状

由于虫体的机械性刺激和毒素作用，使患病家禽消化机能发生障碍，表现为食欲减退、下痢、贫血、消瘦、生长发育受阻，严重的可引起死亡。剖检时可见有出血性肠炎变化，在直肠和盲肠黏膜上附着有许多淡红色的虫体，引起肠黏膜的损伤和出血。

5. 防制

（1）治疗：将病鹅隔离进行驱虫，可用下列药物治疗。硫氯酚，按鹅每千克体重 150～200 mg 拌料喂给；氯硝柳胺，按鹅每千克体重 100～150 mg 拌料一次喂给；阿苯达唑，按鹅每千克体重 10～25 mg 拌料喂给；吡喹酮，按鹅每千克体重 5～10 mg 拌料一次喂服；槟榔煎剂，用槟榔粉 50 g，加水 1 000 mL，煎 30 分钟约剩 750 mL，然后用纱布滤去药渣，剩下的药液按鹅每千克体重 7. 5～11 mL，于空腹时灌服。

（2）预防：在本病的流行地区，应做好消灭其中间宿主淡水螺的工作。每年应对鹅群进行有计划的驱虫，并对驱虫后的粪便进行严格处理。及时清扫禽舍，对粪便进行堆积发酵，杀灭虫卵。

（二）鹅前殖吸虫病

前殖吸虫病是由前殖科、前殖属的多种吸虫寄生于鹅、鸡、鸭等禽类的直肠、泄殖腔、腔上囊和输卵管内引起的一种寄生虫病，常导致母鹅产蛋异常，甚至死亡。

1. 病原

虫体呈扁平梨形或卵圆形，棕红色，体长3~6 mm，宽1~2 mm。口吸盘位于虫体前端，腹吸盘在肠管分叉之后。两个椭圆或卵圆形睾丸，左右并列于虫体中部两侧。卵巢分叶，子宫有下行支和上行支。生殖孔开口于虫体前端口吸盘左侧。虫卵呈棕褐色，椭圆形，一端有卵盖，另一端有一小突起，内含一个胚细胞和许多卵黄细胞，虫卵大小为（22~29）μm×（12~15）μm。

2. 生活史

本虫要经过两个中间宿主。前殖吸虫寄生于成年鹅的输卵管和雏鹅的腔上囊或直肠内，虫卵随粪便排出，落入水中，被某些淡水螺蛳（第一中间宿主）吞食，在其体内孵化为毛蚴，然后发育成许多尾蚴，离开螺蛳到水中游动。遇到蜻蜓幼虫（第二中间宿主），即钻入它们的体内变成囊蚴，当蜻蜓幼虫发育成蜻蜓时，囊蚴仍留在蜻蜓体内。鹅吃了含有囊蚴的蜻蜓或蜻蜓幼虫时，就发生感染。在鹅的消化道内，囊蚴的囊壁被消化掉，里面的幼虫出来后沿着肠管向下移动，到达腔上囊、输卵管或直肠中，发育成成虫。

3. 流行病学

前殖吸虫病多呈地方性流行，其流行季节与蜻蜓的出现季节相一致，多发生在春季和夏季。鹅感染多因到水池岸边放牧时，捕食蜻蜓而引起；同时，含虫卵的粪便落入水中，造成病原散播。

4. 临床症状

鹅初期症状不明显，产薄壳蛋、软壳蛋或畸形蛋。接着产蛋量下降，精神不佳，食欲减退，羽毛蓬松，常伏地上，腹部膨大，排出卵壳碎片或流出石灰样液体。最后，体温升高，渴欲增加，泄殖腔突出，肛门边缘潮红，3~7 天死亡。

剖检主要病变是输卵管发炎，输卵管黏膜充血、极度增厚，在黏膜上可找到虫体。此外，还有腹膜炎，腹腔内含大量黄色混浊的液体。脏器被干酪样物粘在一起，肠子间可见到浓缩的卵黄。浆膜呈明显充血和出血。

根据临床症状，结合查到粪便中虫卵，或剖检有输卵管病变并查到虫体可确诊。

5. 防制

（1）治疗：驱虫可用下列药物。四氯化碳，成年鹅每次 3~6 mL，胃管投服或嗉囊注射，间隔 5~7 天再投药 1 次。用四氯化碳驱虫要按规定剂量投服，过多会引起中毒。也可用硫氯酚，每千克体重 200 mg，一次性口服；或用六氯乙烷，每千克体重 0.2~0.5 g 拌入少量精饲料，每天 1 次，连用 3 天，服药前要禁食 12~15 小时，可与小剂量四氯化碳合用，提高效果。

（2）预防：勤清除粪便，堆积发酵，杀灭虫卵，避免活虫卵进入水中；圈养鹅，防止吃入蜻蜓及其幼虫；及时治疗病鹅，每年春、秋两季有计划地进行预防性驱虫。

（三）鹅背孔吸虫病

鹅的背孔吸虫病是由背孔科、背孔属的细背孔吸虫寄生于鹅的盲肠或小肠内引起的一种寄生虫病。

1. 病原

本病的病原体是背孔科、背孔属的细背孔吸虫。寄生于鹅的盲肠、小肠及直肠的背孔属的吸虫还有肠背孔吸虫（寄生于盲肠内）、嘴鸥背孔吸虫（寄生于盲肠和直肠）、徐氏背孔吸虫（寄生于盲肠和直肠)、小卵形背孔吸虫(寄生于大肠)、秧鸡背孔吸虫(寄生于盲肠内)、沼泽背孔吸虫(寄生盲肠内)、网卵形背孔吸虫(寄生于直肠内)、线样背孔吸虫(寄生于盲肠内)。背孔吸虫虫体较小,呈淡红色,细长,两端钝圆,大小为(2.0~5.0)mm×(0.65~1.4)mm。只有口吸盘,圆形,位于体前端,无腹吸盘和咽。腹面有3行腹腺,中行14~15个,两侧行各有14~17个,腹腺呈椭圆形或长椭圆形。睾丸分叶,呈左右排列于虫体的后端。卵巢分叶,位于两睾丸之间。子宫左右回旋弯曲于虫体的中部。虫卵小,呈椭圆形,黄色有卵盖,其两端各有一条长线状的卵丝,卵的大小为(0.015~0.021)mm×0.012 mm。

2. 生活史

背孔科的细背孔吸虫在发育过程中只需要一个中间宿主(淡水螺)。成虫将卵产在宿主的肠腔内,随着粪便排出体外。在适宜的环境中,特别在夏天,大约经过4天,毛蚴即从卵中逸出,进入螺蛳(扁卷螺或椎实螺)体内,发育为胞蚴。每个胞蚴中含有2个雷蚴,继而形成尾蚴。成熟的尾蚴在同一个螺体内形成囊蚴,或者离开螺体附着在水生植物上形成囊蚴。鹅只由于啄食含有囊蚴的水草而受感染。童虫附着在盲肠或直肠壁上,约经3周发育为性成熟的成虫。

3. 流行病学

各种日龄的鹅均可感染。幼鹅症状较重。一年四季均可感染,但以夏秋季节多见,这可能与夏秋季节中间宿主淡水螺较多有关。在我国各地及俄罗斯、日本均有分布。

4. 临床症状

病鹅精神沉郁,离群独处,闭目嗜睡。食欲减退,渴欲增加,脚软,行走摇晃,常常容易伏地,严重者不能站立。以后虫体分泌毒素,使患鹅拉稀,粪便呈淡绿色至棕褐色,稀如水样,或如胶样,严重病例稀粪中混有血液。患鹅贫血,生长发育受

阻，最后衰竭死亡。

剖检患病或患病死亡的鹅只，除在盲肠和直肠黏膜上发现虫体外，同时还可见到小肠、直肠黏膜呈现糜烂，或呈卡他性肠炎症状。

本病的确诊是剖检患病鹅只找到虫体并进行实验室检查。

5. 防制

可参照防制鹅前殖吸虫病的办法进行。

(四) 鹅嗜眼吸虫病

鹅嗜眼吸虫病是由嗜眼科的鹅嗜眼吸虫寄生于鹅的眼结膜囊和瞬膜下引起的一种寄生虫病。在一些养鹅地区，感染率很高，可达80%。每年的7~9月为高发期。

1. 病原

新鲜虫体为淡黄色，前端较狭，呈纺锤形或梨形，虫卵椭圆形，无卵盖，内含毛蚴。

2. 生活史

寄生在眼结膜的嗜眼吸虫所产的卵，随眼分泌物落入水中，继而孵出毛蚴，毛蚴侵入瘤拟黑螺等螺体内继续发育，经过雷蚴和尾蚴阶段，尾蚴离开螺体到水生植物上，形成瓶状的囊蚴，当鹅在水中吞食了附有囊蚴的螺体或水生植物时，引起感染。幼虫只在鹅嗉囊停留1~5天后，经鼻泪管转移到眼的膜囊内，一个月后发育为成虫。

3. 流行病学

鸡、鸭、鹅、火鸡、珍珠鸡等禽类都可自然感染。鹅的感染、发病情况各地不一。

4. 临床症状

虫体寄生于鹅的瞬膜和结膜囊内，大多数病鹅单侧眼有虫体，只有少数病例双眼患病。因为虫体机械性刺激并分泌毒素，病鹅初期怕光流泪，眼结膜充血，并出现小点状出血或糜烂，或流出带有血液的泪液。眼睑水肿，两眼紧闭。重症患鹅角膜混浊、溃疡，并有黄色块状坏死物突出于眼睑之外，形成脓性溃疡。大多数呈单侧性眼病，也有呈双侧的病例。病鹅初期食欲减退，常摇头、弯颈，用爪搔眼。重症者双目失明，采食困难，消瘦，最后死亡。成年鹅感染后症状较轻，主要呈现结膜、角膜炎，消瘦，母鹅产蛋量下降。

剖检病死鹅时，可见鹅的眼内瞬膜处有虫体附着。肠黏膜充血，部分有出血。其他实质器官均未见异常病变。

5. 防制

（1）治疗：①乙醇杀虫。将鹅体、鹅头保定，另一人把患病眼睑打开，滴入乙醇。乙醇驱虫后，不要马上将鹅放入水中。由于乙醇对眼睛的刺激，会出现暂时性的充血，可用环丙沙星眼药水滴眼，不久即可恢复。也可滴眼后用氯霉素眼药水滴眼消炎。②人工翻眼摘除虫体。将鹅保定，用钝头细小金属棒插入瞬膜与眼球之间，向内眦方向拨开瞬膜，用眼科镊子从结膜囊内摘除虫体（图 5-52），然后用一定浓度的硼酸水冲洗眼睛。

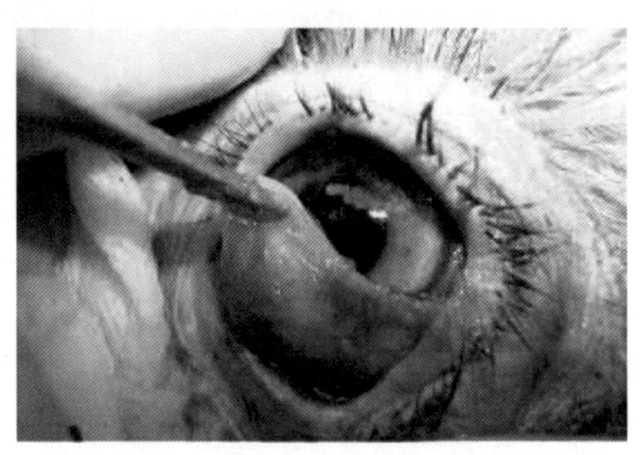

图 5-52　用眼科镊拨开瞬膜，摘除虫体

（2）预防：不到易感染疫病的水域放牧鹅群，同时注意杀灭瘤拟黑螺等，消灭传播媒介，杜绝病原传播；在流行地区，用

作饲料的牧草应进行杀灭幼囊处理后再饲喂。

(五) 鹅嗜气管吸虫病

1. 病原

该病是由环肠科、嗜气管属的船形嗜气管吸虫寄生于鹅的气管、支气管、咽、气囊及眶大窦所引起的疾病。

船形嗜气管吸虫虫体扁平，呈长卵圆形，棕红色，其大小为(6~12) mm×3 mm。口在前端，无肌质吸盘围绕，也无腹吸盘。肠管特别发达，先分成两支，然后在虫体后部连接，并具有数个中侧憩室。卵巢和睾丸位于虫体的后部，睾丸呈圆形，子宫高度盘曲于虫体中部。虫卵的大小为（0.096~0.132）μm×（0.050~0.068）μm，内含毛蚴。寄生鹅鼻腔、鼻泪管和额窦内的吸虫主要还有马氏噬眼吸虫。

2. 流行特点

船形嗜气管吸虫寄生于鹅的气管、支气管、气囊内和眶下窦内。成虫在气管内产卵，卵与痰液随食物团块被吞进消化管而随粪便一同排出体外。在外界环境中，毛蚴很快从卵逸出并进入中间宿主螺蛳体内，发育成尾蚴，最后形成囊蚴。鹅只吞食了含有囊蚴的螺蛳之后则受到感染。囊蚴脱囊而出，经过肠壁，随着血液流入肺，从肺再进入气管寄生，经 2~3 个月发育为成虫。

3. 症状及病理变化特征

轻度感染时，损伤较轻，症状不明显。由于虫体较大，当严重感染时，大量虫体寄生于鹅的气管及支气管，形成不同程度的机械性阻塞，或由于虫体对黏膜的刺激，分泌出大量的炎症渗出物，造成患鹅呼吸困难，发出“咯咯”的声响。咳嗽、伸颈、摇头、张口、叫声嘶哑，鼻孔有多量的液体流出。多数病鹅呈现突然发病，精神沉郁，食欲减退或完全废绝，呈现进行性消瘦、贫血、生长发育缓慢。患鹅的死亡多数是由于虫体移行到气管上端阻塞呼吸道，导致鹅只窒息而突然死亡。剖检可在气管发现虫体，在虫体附着的气管黏膜出现出血性炎症，呼吸道黏膜表面附有渗出物，咽至肺部的细支气管黏膜充血、出血，重症者可见有不同程度的肺炎变化。

4. 防制

（1）治疗：可用1：（1 000~1 500）的碘溶液或5%水杨酸钠溶液，由声门裂处注入0.5~2 mL（幼鹅）或1.5~2 mL（成鹅）。隔两天后再注射一次，效果较好。硫氯酚按每千克体重用150~200 mg，均匀拌料饲喂，一次喂服。丙硫苯咪唑按每千克体重用10~25 mg，均匀拌料喂服，一次喂服。

（2）预防：在鹅场清除螺蛳，可采用开沟排水，改良土壤。有条件的可以用1：5 000的硫酸铜溶液对水池或水塘进行灭螺。定期驱虫，用丙硫苯咪唑，按每千克体重10 mg，每半个月进行一次预防性驱虫。

二、鹅绦虫类寄生虫病

（一）鹅膜壳绦虫病

鹅膜壳绦虫病是由膜壳科、剑带属的矛形剑带绦虫和冠状膜壳绦虫感染所致的一种鹅的寄生虫病，多发生在大雨洪涝之后，是严重影响养鹅业的重要疾病。

1. 病原

引起鹅绦虫病的病原最常见的是矛形剑带绦虫，属于膜壳科、剑带属。矛形剑带绦虫是一种扁平带状分节的白色蠕虫，新鲜虫体为灰黄白色。虫体形似矛头，体长115~230 mm，体宽11.5~14 mm，由1个头节和20~40个体节（节片）构成，前面节片较小，后面节片宽大。虫卵无色，椭圆形，大小为（46~106）μm×（37~103）μm。

2. 生活史

矛形剑带绦虫成虫寄生在鹅的小肠中，虫卵节片或虫卵随患

病鹅的粪便排出，虫卵落入水中被中间宿主剑水蚤吞食，经 6 周发育为成熟的囊尾蚴。幼鹅吞食了含有拟囊尾蚴的剑水蚤，拟囊尾蚴进入小肠，从蚤体逸出，翻出头节吸附在肠黏膜上，19 天便发育为成虫。

3. 流行病学

本病分布广泛，国内饲养鹅的地区均有分布，多呈地方性流行。本病有明显的季节性，通常发生于 4~10 月的春末到夏秋季节，冬季和早春较少发生。不同日龄的鹅均可发生感染，但临床上主要见于 1~3 月龄的放养的幼鹅和青年鹅群。成年鹅感染后多呈良性经过，成为带虫者。

4. 临床症状

绦虫对鹅的危害主要是破坏并吸取营养、产生毒素和机械刺激，症状严重的程度取决于鹅只被感染程度、年龄大小及机体抵抗力。种鹅感染后，排出淡黄色稀便，并有臭味，时有血便，混有黏液，夹带有水草碎片，食欲减退，而渴欲增加，常离群独居，双翅下垂，不愿走动，羽毛松乱无光泽（图 5-53）；生长发育不良，并有神经症状，如步态不稳（图 5-54），运动时尾部着地、歪颈、仰头、背卧或侧卧时两脚划动，多次反复发作。严重者突然倒地，头往后仰，滚转几次后死亡。

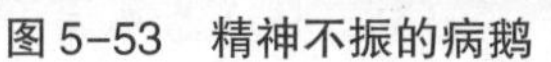

图 5-53 精神不振的病鹅

图 5-54 走路摇晃，运动失调

剖检，肠腔内有大量虫体积聚，造成肠阻塞、肠扭转，严重的引起肠破裂。肠壁由于绦虫头节的吸附，黏膜受损，水肿出血，散布灰黄色结节，肠内容物稀臭，含有大量虫卵。雏鹅可致死亡，表现为消瘦、泄殖腔周围粘有稀便、肝脏稍肿、肠黏膜出血，肠内有绦虫，一般 10 多条，最多的可达 30 多条，长 3~4 cm（图 5-55）。幼鹅死亡后血液稀薄，出现卡他性肠炎，小肠黏膜增厚、充血、出血，并散布米粒大小结节状溃疡，肠腔内积存数条白色扁平分节状虫体，有的肠段变硬、变粗。

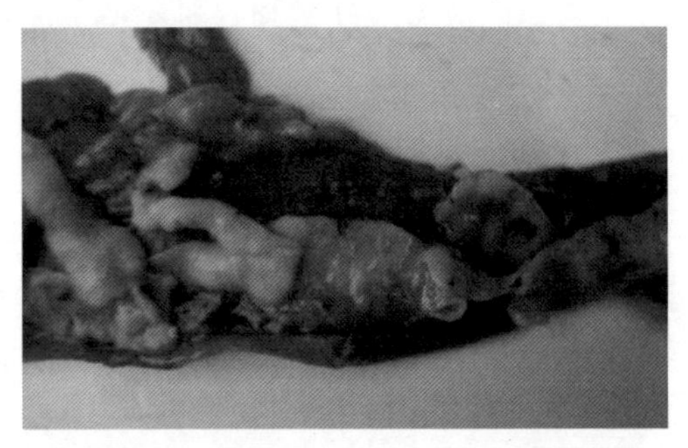

图 5-55　寄生在鹅小肠内的矛形剑带绦虫

5. 防制

（1）治疗：硫氯酚，剂量为 150~200 mg/kg，或按 1∶30 的比例与饲料混匀喂给。鹅的品种不同，饲养条件不同，对硫氯酚的耐受能力也不一样。所以当大群驱虫时，必须先做小群试验，药量取低限，取得经验后再全面开展。对瘦弱鹅，药量酌减，投药后观察排虫情况。粪便要集中堆集，防止扩散。氯硝柳胺，按 60~100 mg/kg 均匀地拌入饲料中喂给。吡喹酮，按 10~15 mg/kg 混在饲料中喂给。石榴皮、槟榔合剂是较古老的驱虫方法，但效果很好，较经济。配法：取石榴皮、槟榔各 100 g 加水至 1 000 mL，煮沸 1 小时，加水调至 800 mL 去渣即成。剂量：20 日龄雏鹅 1.5 mL，30 日龄幼鹅 2 mL，30 日龄以上用 2.5~5 mL 混入饲料中

喂给或用采血器投服，2 天用完。服药后 10～15 分钟，即开始排虫体，持续排虫 2～3 小时。

（2）预防：在绦虫经常流行的地区，要把大小鹅分开饲养，避免使用同一场地。带病的成年鹅是主要传染源，通过粪便可大量排出虫卵，每年春、秋、冬三季，应及时给成年鹅进行彻底驱虫，虫体成熟为 20 天，故幼鹅应在 18 日龄全群驱虫 1 次。有条件的应杀灭剑水蚤，以消灭中间宿主。将已被污染池塘的水排干，重新灌入新水，或施用农药、化肥杀灭剑水蚤。

三、鹅线虫类寄生虫病

（一）鹅裂口线虫病

鹅裂口线虫病是由裂口线虫寄生于鹅的肌胃中而引起的一种寄生虫病。

1. 病原

鹅裂口线虫属线虫纲、圆形目、毛圆科。虫体细长线状（图 5-56），微红，表面有横纹，口囊短而宽，底部有 3 个尖齿，雄虫长 10～17 mm，宽 250～350 μm。交合伞有 3 片大的侧叶和 1 片小的中间叶；背肋短，后端分两叉，每一个叉又分为两小支；交合刺等长，为 200 μm，较纤细，在靠近中间处又分为两支；引器细长，为 95 μm。雌虫长 12～24 mm，阴门处宽 200～400 μm，虫体的两端均逐渐变细；阴门横裂，位于虫体的后部。卵壳薄，虫卵呈卵圆形，大小为（60～73）μm×（44～48）μm。

2. 生活史

虫卵随病鹅的粪便排出体外，在 28～30 ℃下经 2 天在虫卵内形成幼虫，再经 5～6 天幼虫从卵内孵出，并经 2 次蜕皮，发育为感染性幼虫。感染性幼虫能在水中游泳，爬到水草上，鹅吞食被感染性幼虫污染的食物、水草或水时而遭受感染。在牧场上感染性幼虫也可以通过鹅的皮肤引起感染（幼虫在牧场上能存活近

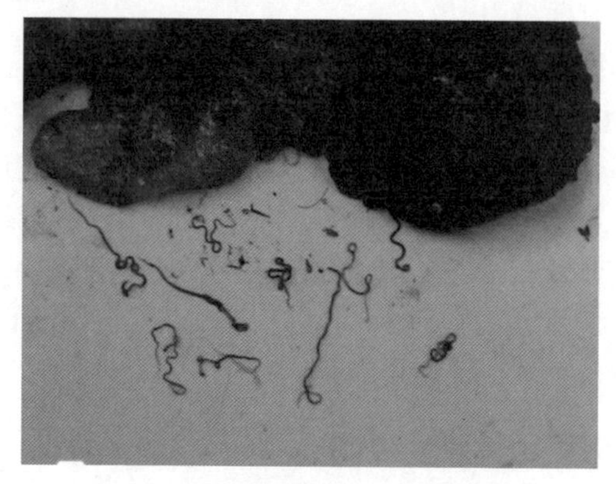
图 5-56　细长线状的鹅裂口线虫

3 周)。皮肤感染时，幼虫经肺移行。幼虫在鹅体内约经 3 周发育为成虫，成虫的寿命为 3 个月。

3. 流行病学

本病常发生于夏秋季节，主要发生于 2 月龄左右的幼鹅，幼鹅感染后发病较为严重，常引起衰弱死亡。成年鹅感染多为慢性，一般呈良性经过，成为带虫者。我国不少省市均发生过本病的报道，鹅群的感染率有的可高达 96.4%，常呈地方性流行。除鹅感染外，鸭和火鸡也可发生感染，但临床上鸭发生本病的较为少见。

4. 临床症状

患病鹅精神委顿、羽毛松乱、无光泽、食欲减退，常蹲伏，不愿站立（图 5-57）；消瘦，生长发育缓慢，贫血，腹泻，严重者排出带有血和黏液的粪便，常衰弱死亡。

病死鹅通常较瘦弱，眼球轻度下陷，皮肤及脚、蹼外皮干燥，剖检可见肌胃角质膜呈暗棕色或黑色（图 5-58），角质膜松弛易脱落，角质层下常见肌胃有出血斑或溃疡灶，幽门处黏膜坏死、脱落，常见虫体积聚，其周围的角质膜亦坏死脱落，肠道黏

膜呈卡他性炎症，严重者内有多量暗红色血和黏液。

图 5–57　病鹅蹲伏

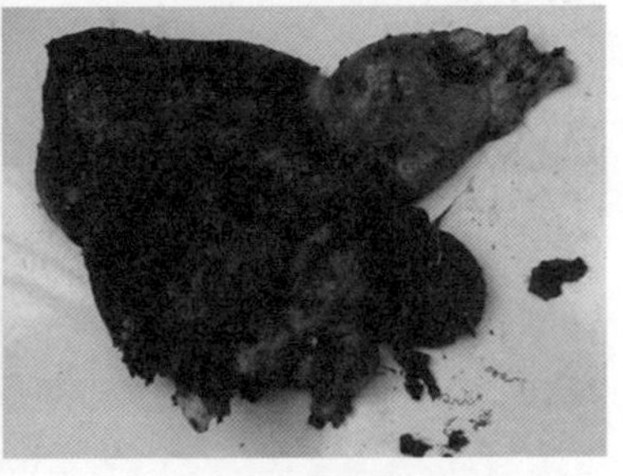

图 5–58　肌胃角质膜呈暗棕色或黑色

5. 防制

（1）治疗：四氯化碳，20～30 日龄鹅，每只 1 mL；1～2 月龄鹅，每只 2 mL；2～3 月龄鹅，每只 3 mL；3～4 月龄鹅，每只 4 mL；5 月龄以上鹅，每只 5～10 mL，早晨空腹一次性喂服。阿苯达唑，每千克体重 25 mg，混饮给药。甲苯达唑，每千克体重 50 mg，每天 1 次，或 0.0125%混饲，连用 2 天。四咪唑，每千克体重 40～50 mL，1 次内服，或 0.01%浓度混饮，连用 7 天。左旋咪唑，每千克体重 25 mg，饮用水给药。

（2）预防：加强饲养管理，做好鹅舍的环境卫生，及时清扫、消毒，清除的粪便进行生物热发酵处理；成年鹅与幼鹅分开饲养。在本病流行的地区，鹅群定期进行预防性驱虫，一年至少 2 次。

（二）鹅蛔虫病

鹅蛔虫病是由鹅蛔虫寄生于鹅的小肠内而引起的一种寄生虫病。

1. 病原

鹅蛔虫属于禽蛔科，禽蛔属，是寄生于鹅体内的最大的一种线虫。虫体粗大，呈黄白色，雄虫体长 26～32 mm，最大体宽 0.55～0.66 mm；雌虫体长约 72 mm，尾部长约 0.625 mm；虫卵呈椭圆形，深灰色（图 5-59）。

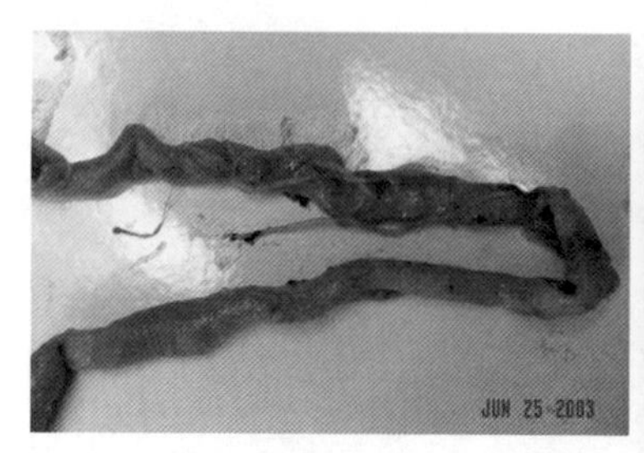

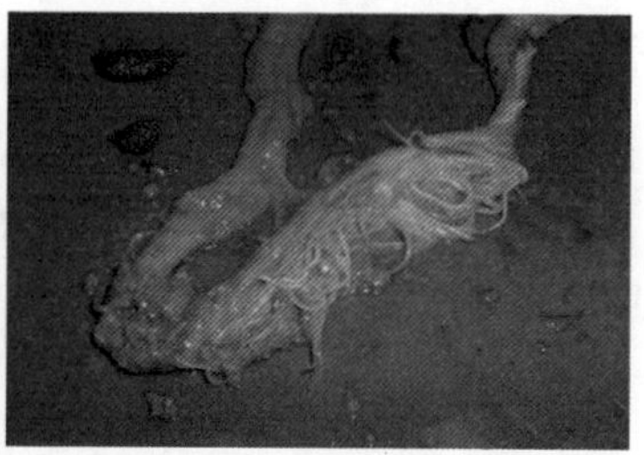

图 5-59　寄生在鹅小肠内的鹅蛔虫

2. 生活史

鹅蛔虫的生活史简单，属直接发育型，不需要中间宿主。成虫主要寄生在小肠，数量多时，胃和大肠中也可发现虫体。雌虫产生的卵随粪排出，刚排出的卵没有感染能力，若外界温度、湿度适宜，虫卵经 17～18 天发育，变成感染期虫卵，鹅吞食被污染的饲料和饮用水后感染发病。幼虫在腺胃和肌胃处逸出，钻入肠黏膜发育一段时间后，重返肠腔发育为成虫。

3. 流行病学

本病多发于潮湿温暖季节，饲养环境差的鹅群易发。临床上多见于 2～3 月龄的幼鹅，幼鹅发生感染时症状较为显著，成年鹅多为带虫者。饲料中缺乏维生素 A 和维生素 B 时，常能降低幼鹅对蛔虫的抵抗力。

4. 临床症状

病鹅的症状与其感染虫体的数量、本身的营养状况有关。感染轻的，或成年鹅感染，一般不表现症状。发生感染的幼鹅，通常表现为生长发育迟缓，精神不振，羽毛松乱，常呆立不动，双翅下垂，羽毛缺乏光泽，可视黏膜贫血，食欲减退或异常，下痢，逐渐消瘦，严重者逐渐衰竭死亡。

死于本病的幼鹅较瘦弱，肠道黏膜充血、出血，有虫体集聚

的肠段，肠道黏膜通常较干燥；严重感染者黏膜组织增生，有时可见肠道黏膜形成粟粒大的寄生虫性结节。

诊断时通过查粪找虫卵，剖检寻找虫体确诊。

5. 防制

（1）治疗：左旋咪唑，每千克体重 25 mg，混在饲料中喂服。哌嗪，按每千克体重 0.25 g，混合在饲料或饮用水中喂服。驱虫净，按每千克体重 40~50 mg，口服或按每千克体重 60 g，混在饲料中喂服。灭虫丁，按每千克体重 0.1~0.2 mg，皮下注射或肌内注射。

（2）预防：加强饲养管理，做好鹅舍清洁卫生消毒，特别是垫草与地面的卫生，保持运动场的干燥，及时清除鹅粪并发酵处理；科学配制饲料，饲料中应保证有足够的维生素 A、维生素 B 和动物性蛋白，提高幼鹅的抵抗力。同时幼鹅与成年鹅分开饲养，以防发生交叉感染。鹅群实施定期预防性驱虫，常用驱虫药有左旋咪唑、哌嗪等。

（三）鹅四棱线虫病

鹅四棱线虫病是由四棱科裂刺四棱线虫寄生于鹅的腺胃内所引起的一种寄生虫病。

1. 病原

四棱科裂刺四棱线虫雄虫长 3~6 mm，宽 0.09~0.2 μm，沿中线和侧线有 4 列纵行的小刺。交合刺不等长，长的为 0.28~0.49 μm，短的为 0.082~0.15 μm。雌虫长 1.7~6.0 mm，宽 0.13~0.5 μm。尾长 0.071 μm。虫卵大小为（48~56）μm×（26~30）μm，卵胎生（图 5-60）。

2. 生活史

四棱线虫的发育必须有中间宿主，包括端足类、蚱蜢、蚯蚓和蟑螂。寄生在鹅胃内的性成熟的雌虫，周期性地排出成熟的卵。卵从胃中随食物进入肠道，最后连同粪便排到外界，落在鹅

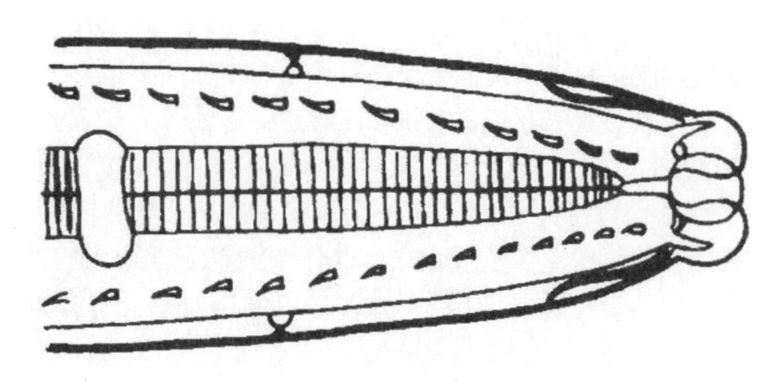

图 5-60　裂刺四棱线虫头端

舍内、运动场上或水池内。如果鹅只吞食了刚排出的虫卵，不会感染四棱线虫病。虫卵被中间宿主吞食后，在其体内经过一段时间（约 10 天）发育为感染性的幼虫。当鹅只吞食了带有感染性幼虫的中间宿主之后，约经 18 天，幼虫在腺胃的腺体内发育为成虫。

3. 流行病学

四棱科裂刺四棱线虫主要寄生于鸡、鸭，也寄生于鹅，最常见于野鸡、野鹅、家鸭和家鹅。本病分布广泛，世界各地均有发病的报道，在水禽中临床上主要见于散养的鸭和鹅，常以 3 月龄以上的鸭、鹅多见。

4. 临床症状

患病鹅食欲减退，大便稀溏，羽毛无光泽；严重感染的患鹅消瘦、贫血，甚至发生死亡。由于成虫寄生于宿主的腺胃内，虫体吸血并分泌毒素，有时可见少数病鹅出现神经症状。

病死鹅通常瘦弱，有虫体寄生在腺胃黏膜上，形成多个血样暗红色丘状突起，用剪刀刮开，可见暗红色的成熟的雌虫；有时还可见腺胃黏膜增厚、出血，或出现溃疡；患病母鹅可见卵子变形、变性。

5. 防制

(1) 治疗：左旋咪唑，按每千克体重用10 mg，均匀拌料饲喂，一次喂服。丙硫苯咪唑，按每千克体重用10～25 mg，均匀拌料饲喂，一次喂服。四氯化碳，按每千克体重用2 mg，用注射器将药液直接注入食管膨大部，或用胶管插入胃内给药。

(2) 预防：用0.015%～0.03%的溴氰酯或用五氯酚钠喷洒，消灭中间宿主。注意鹅舍的清洁卫生，定期对鹅舍及用具进行消毒。及时清除粪便，进行发酵处理。定期进行预防性地驱虫。把大、小鹅只分开饲养，防止交叉感染。

(四) 鹅比翼线虫病

比翼线虫病又称交合虫病、开嘴虫病、张口线虫病，是由比翼科比翼属的线虫寄生于鸡、吐绶鸡、雉、珠鸡和鹅等禽类气管内引起的一种寄生虫病。

1. 病原

虫体因吸血而呈红色。头端大，呈球形；口囊宽阔呈杯状，其底部有三角形小齿。雌虫大于雄虫，阴门位于体前部。雄虫以交合伞附着于雌虫阴门部，形成交配状态。

斯里亚平比翼线虫雄虫长2～4 mm，雌虫长9～25 mm，口囊底部有6个齿。虫卵椭圆形，大小为90 μm×49 μm，两端有厚卵盖。

气管比翼线虫雄虫长2～4 mm，雌虫长7～20 mm，口囊底部有6～10个齿。虫卵大小为（78～110）μm×（43～46）μm，两端有厚卵盖，卵内含16个卵细胞。

2. 生活史

雌虫在气管内产卵，卵随气管黏液到口腔，或被咳出，或被咽入消化道后随粪便排到外界。在适宜温度（27 ℃左右）和湿度条件下，虫卵约经3天发育为感染性虫卵或孵化为外被囊鞘的感染性幼虫。感染性虫卵或幼虫被蚯蚓、蛞蝓、蜗牛、蝇类及其他节肢动物等延续宿主吃入后，在其肌肉内形成包囊，虫体不发育但保持着对禽类宿主的感染能力。禽类因吞食了感染性虫卵或幼虫，或带有感染性幼虫的延续宿主而感染。幼虫钻入肠壁，经血流移行到肺泡、细支气管、支气管和气管，于感染后18~20天发育为成虫并产卵。

3. 流行病学

感染性虫卵或幼虫常污染牧地、饲料和饮用水，对外界抵抗力比较弱，但在蚯蚓体内可保持感染力4年，在蛞蝓和蜗牛体内可存活1年以上。

一些野鸟和野生火鸡任何年龄都易感但不发病而成为本病的自然宿主。这些野鸟体内排出的虫卵，通过蚯蚓体内发育后，对鹅等家禽的感染力增强，成为重要的感染源。

4. 临床症状

患鹅精神、食欲减退，生长发育不良，消瘦；严重者废食、腹泻，粪便红色带黏液。特征性症状是呼吸困难，常伸颈张口呼吸，并常伴发咳嗽和打喷嚏，时常摇头，欲排出气管内黏液和虫体，最后因窒息、衰竭而死。病变可见肺脏溢血、水肿和大叶性肺炎，气管有卡他性、黏液性炎症，有被带血黏液所包围的虫体。根据特殊的开口呼吸症状，经剖检或打开口腔察看及用棉拭子插入气管擦裹，在气管中发现虫体，或者用漂浮法在粪便中查到虫卵便可确诊。

5. 防制

（1）治疗：在将病鹅严密隔离后，立即用阿苯达唑混饲驱虫，按1 kg饲料中添加25 mg的量，连服3~5天，并在饮用水中加入5%脱脂奶粉和多维素；或用粉剂左旋咪唑投入水中饮用，按1 kg饮用水添加30 mg，同时用粉剂硫氯酚混饲投服，1 kg饲料中添加40 mg。

健康鹅群或假定健康鹅群选用硫氯酚混饲，定期驱虫，一次量为每1 kg体重内服100~200 mg。

(2) 预防：首先，尽量减少或避免在阴雨天放牧。其次，严禁在严重污染的湖泊或河沟中放养。再者，鹅舍和用具选用0.1%~0.3%苯扎溴铵消毒，舍外选用1%~2%氢氧化钠消毒，及时杀灭病原，切断流行链，确保鹅群安全。

四、鹅棘头虫类寄生虫病

鹅棘头虫类寄生虫病最常见的是鹅棘头虫病。该病是由大多形棘头虫、小多形棘头虫寄生于鹅小肠内而引起的一种寄生虫病。

1. 病原

寄生在鹅小肠内的棘头虫有大多形棘头虫和小多形棘头虫。大多形棘头虫雌虫和雄虫体形相似，呈纺锤形。吻突上具有不同大小和形状的钩，排成16~18纵列，每列8枚。虫卵长纺锤形，内含棘头蚴。小多形棘头虫虫体较小，吻突卵圆形，上有16纵列的钩，每列7~10枚。

2. 生活史

鸭棘头虫病中间宿主是钩虾和河虾，含棘头蚴的虫卵在其体内发育成棘头体，鸭吞食这种中间宿主而遭感染，棘头体在小肠内发育为成虫。

3. 流行特点

本病多发生于春、夏季节，8月为感染高峰，鹅、鸭、野生水禽及鸡均可感染，但鸭最多见。对幼年禽的危害大，呈地方性流行，流行时可造成大批死亡。

4. 临床症状

主要是幼鹅发病，严重的常见下痢、变瘦、贫血，最后导致死亡，死亡率很高。成年鹅感染症状多不明显，死亡率不高，死亡病例大多是因肠壁穿孔，并发腹膜炎。

剖检病鹅，能够看见虫体前端的吻突牢固地附着在肠黏膜上，引起肠卡他性炎症。有时吻突刺入黏膜深部，穿肠壁的浆膜层。固着部位出现溢血和溃疡，有时在浆膜表面上有突出的黄白色的结节，细菌继发感染的则有化脓现象。更严重的情况是造成肠壁穿孔，并发腹膜炎，腹膜腔内有多量纤维素渗出。

5. 防制

(1) 治疗：可用四氯化碳、丙硫苯咪唑等药物。

(2) 预防：管理好家禽的粪便，定期对鹅群进行粪便检查和驱虫，设法消灭中间宿主。

五、鹅节肢动物类寄生虫病

(一) 鹅羽虱

鹅羽虱是禽类体表永久性外寄生虫，其种类很多，据报道共有 40 多种，有的寄生在鹅的头部和体部，有的寄生在鹅的翅部。鹅虱使鹅骚动不安，并能吸血且产生毒素，严重影响鹅的生长发育，还能传播疾病，对鹅的危害性颇大。

1. 病原

鹅羽虱病的病原是羽虱，种类很多，依靠吞食鹅羽毛、皮屑生存。寄生在鹅头部和体部的羽虱，虫体呈椭圆形、黄色，全身有密毛。寄生在鹅翅部的羽虱虫体呈灰黑色。羽虱虫体扁平，分头、胸、腹三部分，3 对足，无翅，咀嚼式口器。雄虫体长 3～5 mm，雌虫体长 4～6 mm，全身生有密毛，腹部各节有明显的横带，其大小不一，数量不等。鹅的其他部位，如外耳道、颈部也会有少量虫体。

2. 生活史

鹅虱的发育过程属于不完全变态，包括卵、若虫和成虫三个阶段，全部在鹅体表上进行。成虫交配后 2～3 天雌虱即产卵，产的卵集合成块，黏着在羽毛基部，依靠鹅的体温孵化，经 5～8 天孵化出若虫，若虫在 2～3 周内经 3～5 次蜕皮变为成虫。

3. 流行病学

鹅虱主要靠直接接触传染，传播很快，往往整群传染，一年四季均可发生，特别在冬春季大量繁殖。鹅虱以吞食鹅的羽毛和皮屑为生，有时也吸食皮肤损伤部位的血液。母鹅抱窝时，由于鹅舍狭小，舍地潮湿，也常在耳内生虱。圈养鹅、产蛋鹅和孵蛋鹅较易感染，而常下水的鹅及肉用鹅不易感染。

4. 临床症状

鹅虱吞食鹅的羽毛和皮屑，有的也吸食血液。病鹅精神痴呆，食欲减退，贫血消瘦，羽绒脱落，有时甚至使鹅毛脱光，民间称“鬼拔毛”。鹅只表现不安，影响母鹅产蛋率，抵抗力有所降低，体重减轻。少量感染危害不大，大量感染则使患病鹅奇痒不安，用嘴啄毛。如不及时治疗，10 天内可使鹅致死。

在羽毛、毛根，或外耳道、颈部查到虫体，即可确诊。

5. 防制

（1）治疗：①喷涂法。用 0.2%的敌百虫溶液于夜间喷洒鹅体表羽毛，夜间羽虱出来活动沾上药物后中毒死亡。同时对鹅舍墙壁、地面及一切用具用药物喷洒，使羽虱无藏身之地。用 3%~5%的硫黄粉喷涂羽毛效果也很好。也可用烟草 1 份，水 20 份，煎煮 1 小时，候温后涂洗鹅身。同时，对鹅舍各处也要做一次彻底的杀虫工作，方可根治。②药浴法。取 2.5%的敌杀死溶液20 mL 加水 10 L，配成药液，将此药液喷洒鹅体表羽毛上，或将鹅浸入药液，即可杀灭羽虱，但鹅头要露出水面，浸 1~2 秒即可。也可取氟化钠 1 份，清水 99 份，配成 1%的氟化钠溶液。将鹅浸入药液几秒后即提出，以羽毛浸湿为宜。还可取精致敌百虫 0.5 份，温水 99.5 份，配成药液，将鹅浸入药液内几秒后，取出淋去多余药液。以上几种药浴法杀虱效果好，但对虱卵无效，需 10 天后再重复一次。药浴时要提高舍温，以防鹅发生感冒。

（2）预防：鹅舍要保持清洁，在进行鹅体驱虫时，必须同时进行鹅舍、地面等的灭虱工作，以达到彻底消灭鹅虱的目的。

（二）鹅蜱病

蜱可侵害鸡、鸭、鹅、火鸡、珍珠鸡、鸽等，寄生于鹅的蜱是波斯锐缘蜱，主要是吸食鹅的血液，影响鹅的生长发育。蜱所产生的毒素，也影响鹅的产蛋，并且是一些传染病如螺旋体病的传播者。

1. 病原

波斯锐缘蜱的虫体扁平，卵圆形，体缘扁锐，背腹面之间有缝线分隔。体部背面无盾板，表皮革质，表面有一层凹凸不平的颗粒状的角质层。头位于腹面前方，从背面看不见。雌虫大小为（7. 2~8. 8）mm×（4. 8~5. 8）mm，吸血前为浅灰色，吸饱血液后为灰黑色。

2. 生活史

波斯锐缘蜱的生活史包括卵、幼虫、若虫和成虫四个阶段。成熟的蜱产卵后，孵出幼虫。幼虫有扁平的并向前突出的假头，经 3 个若虫期，然后变为成虫，成虫以宿主的血液为营养。

成虫期的蜱吸一次血，经 6~15 天产一次卵，每次产卵 30~100 只。在温暖的季节，卵经 6~10 天孵化；在凉爽时节，孵化期可达 3 个月。幼虫在 4~5 日龄时变为饥饿状态，吸 4~5 次血后，幼虫离开宿主，经 3~9 天蜕皮，变为第一期若虫期阶段。吸血后隔 5~8 天，蜕皮变为第二期若虫，吸血后经 12~15 天，蜕化为成虫。吸饱血后，大约在 1 周后，雌雄虫交配，在交配后 3~5 天雌虫产卵。波斯锐缘蜱每一生活周期需 3~8 个月，各期幼虫都可越冬，且能耐饥饿，如幼虫能耐饥饿达 8 个月，若虫能耐饥饿 24 个月，成虫能耐饥饿 42 个月。

3. 流行病学

波斯锐缘蜱不是长期寄生在鹅体上，而是夜间爬到鹅只无毛部位刺螫鹅体，以吸血为生。成虫期及若虫期的蜱在鹅体表吸血

时间，每次约半小时，有的达 2 小时后才离开。有时附在鹅只身上可长达 5~6 天，吸完血之后就落下来，藏在鹅舍的墙壁、柱子、巢窝等缝隙里。幼虫常栖居于鹅体羽下，其活动不受昼夜限制。

4. 临床症状

波斯锐缘蜱寄生在鹅体，由于虫体大量吸血，使病鹅表现不安，食欲减退、贫血、消瘦，生产力下降，母鹅产蛋量降低。同时，波斯锐缘蜱还传播一种高度致病力的鹅螺旋体病，严重时可引起死亡。

5. 防制

由于蜱仅在短时间内在宿主身上，然后隐藏在周围环境的缝隙中，所以消灭蜱必须在鹅舍的垫草、墙壁、地面、棚顶、栏圈、柱子等处同时进行杀灭。可用 0.2%敌百虫溶液喷洒，在 48~72 小时杀死虫体；或用 0.2%双甲脒乳油，配成 0.05%溶液喷洒；或用溴氰菊酯，配成 0.002 5%~0.005%溶液进行喷洒，也有良好效果。在喷洒的同时，应保持环境的清洁卫生。

（三）鹅螨病

鹅螨病是鹅群中常见的一种体外寄生虫病。螨的种类很多，较为常见的有鸡刺皮螨、鸡新勋恙螨和突变膝螨。

1. 病原

鸡刺皮螨又称红螨或栖架螨，虫体呈长椭圆形，后部略宽，呈淡红色或棕灰色，视吸血的多少而有差别。雌虫体长 0.7~0.75 mm，宽 0.4 mm。雄虫体长 0.6 mm，宽 0.32 mm。螯肢 1 对，呈细长的针状，以此刺破皮肤吸取血液。足很长，有吸盘。雌虫肛板较小，雄虫的肛板较大。

鸡新勋恙螨又称鸡奇棒恙螨，成虫呈乳白色，体长约 1 mm。其幼虫很小，用肉眼不易见到，饱食后呈橘黄色，大小为 0.421 mm×0.321 mm，分头胸部和腹部，有 3 对足。背板上有 5 根刚毛。

突变膝螨，雌虫近圆形，足极短；雄虫卵圆形，足较长。雄

虫长 0. 19～0. 20 mm，宽 0. 12～0. 13 mm；雌虫长 0. 41～0. 44 mm，宽 0. 33～0. 38 mm。

2. 生活史

鸡刺皮螨属不完全变态的节肢动物，其生活史包括卵期、幼虫期、2 个若虫期和成虫期。雌虫吸饱血后，回到鹅舍的墙缝内或碎屑中产卵，每次产 10 多个，在 20～25 ℃情况下，卵经 2～3 天孵化成幼虫。经几次蜕化后，由若虫变成为成虫。

鸡新勋恙螨成虫生活在潮湿的草地上，只有幼虫营寄生生活。雌虫受精产卵于泥土上，约经 2 周时间孵出幼虫。幼虫遇到鹅，便爬至鹅身上，刺吸体液和血液。饱食时间快者 1 天，慢者 30 余天，在鹅体上寄生 5 周以上。

突变膝螨成虫在鹅的皮下穿行，在皮下组织中形成隧道，虫卵在隧道内，幼虫经过一段时间后变为成虫而藏于皮肤的鳞片下面，形成大量痂皮，鹅脚似附着一层石灰。

3. 流行病学

鸡刺皮螨、鸡新勋恙螨和突变膝螨，不但可以寄生在鹅身上，鸡、鸭、火鸡及许多野禽也能感染螨病。鸡刺皮螨一般在夜间爬到鹅体上吸血，白天隐匿在鹅舍内。鸡新勋恙螨幼虫饱食后落地，数日发育，经若虫至成虫。突变膝螨的全部生活都在鹅体皮肤内完成。

4. 临床症状

当虫体大量寄生时，受鸡刺皮螨严重侵袭的鹅，日渐衰弱，发生贫血，母鹅产蛋量下降。幼鹅因失血过多，可导致大批死亡。此虫还可传播禽霍乱等疾病。受鸡新勋恙螨侵袭的鹅，其患部奇痒，鹅表现不安，出现痘疹状病灶，周围隆起中间凹陷呈肚脐形，中央可见到 1 个小红点，即为恙虫的幼虫。鹅腹部和翼下布满此种痘疹状病灶。病鹅发生贫血、消瘦、垂头、食欲废绝，严重者死亡。

5. 防制

(1) 治疗：①对于鸡刺皮螨，可用0.25%的敌百虫水溶液直接喷洒在鹅身上，刺皮螨的栖息处如墙缝、墙角、饲槽下面等处，隔7~10天重新喷洒一次。特别要注意确保鹅身皮肤被喷湿。被污染的垫草应该烧掉，其他用具可用沸水烫一下，再在阳光下暴晒。②对于鸡新勋恙螨，可用0.1%乐杀螨溶液、70%乙醇、2%~5%碘酊或5%硫黄软膏涂擦患部，1周重复一次。③对于突变膝螨，可将病鹅脚浸入温热的肥皂水中浸泡，使皮痂变软，除去痂皮，然后用2%硫黄软膏或2%石炭酸软膏涂于患部。隔几天后再涂一次。或将患脚浸入温热的杀螨剂溶液中。④以上的螨病均可采用广谱、高效、低毒的虫克星，按每千克体重0.2 mg，一次性皮下注射。如果感染严重者，可隔7天再注射一次。

(2) 预防：本病可以因直接接触或媒体接触而感染，因此应把病鹅与健康鹅分开饲养，平时做好鹅舍的清洁卫生，及时清除粪便、垃圾和污物，可减少本病的传播。

鹅舍内的一切用具，其中包括饲槽、水槽、使用的工具等，必须进行彻底的消毒，环境可用2%~3%氢氧化钠溶液进行喷雾，不留死角，舍内和用具可用0.3%过氧乙酸、0.5%百毒杀进行喷雾消毒，或用火焰消毒，更为彻底。

六、鹅原虫类寄生虫病

(一) 鹅球虫病

鹅球虫病是由鹅球虫寄生于鹅肠道或肾脏所引起的一种原虫病。本病在我国沿江和太湖流域的养鹅地区时有发生，主要侵害两个半月以内的幼鹅，发病率和死亡率均较高，能耐过的病鹅往往发育不良，生长发育受阻，对养鹅业危害极大。

1. 病原

引起幼鹅致病的鹅球虫有15种，属于艾美耳科、艾美耳属。

寄生于鹅肾脏的截形艾美耳球虫致病力最强，而其余的 14 种球虫如鹅艾美耳球虫、有毒艾美尔球虫和赫尔曼艾美尔球虫等均寄生于鹅的肠道。国内暴发的鹅球虫病是肠道球虫病，大多是以鹅艾美耳球虫为主，由数种肠球虫混合感染致病。

2. 生活史

鹅球虫的发育是直接发育，不需要中间宿主。鹅吞食孢子化卵囊而感染，在消化液的作用下，子孢子逸出卵囊，侵入特定肠段或肾的上皮细胞内进行裂解生殖。经数代无性繁殖后，一部分裂殖子转化为小配子体，再分裂生成许多小配子体（雄性）；另一部分则转化为大配子（雌性）。大、小配子结合为合子，发育成为卵囊。卵囊随鹅粪便排出体外，在适宜的条件下，经数小时或数日发育为孢子化卵囊，即感染性卵囊，若被鹅吞食后又重复上述过程。

3. 流行病学

鹅肾球虫病主要发生于 3~12 周龄的幼鹅，发病较为严重，寄生于肾小管的球虫，能使肾组织遭受严重损伤，死亡率可高达 87%。鹅肠球虫病主要发生于 2~11 周龄的幼鹅，临床上所见的病鹅，最小为 6 日龄，最大的为 73 日龄，以 3 周龄以下的鹅多见，常引起急性暴发，呈地方性流行。发病率为 90%~100%，死亡率为 10%~96%。通常是日龄小的发病严重，死亡率高。

本病的发生与季节有一定的关系，鹅肠球虫病大多发生在 5~8 月温暖潮湿的多雨季节。不同日龄的鹅均可发生感染，日龄较大的鹅感染本病，常呈慢性或良性经过，成为带虫者和传染源。

4. 临床症状

患肠球虫病的幼鹅，精神委顿、缩头垂翅，食欲减退或废绝，喜卧、不愿活动、常落群，渴欲增强，饮用水后频频甩头，病初排灰白色或棕红色带有血和黏液的粪便，继而排出红色或暗红色带有黏液的稀粪，有的患鹅排出的粪便全为血凝块，肛门周

围的羽毛有稀粪沾污，日龄较小的幼鹅常在发病后 1~2 天死亡。

剖检，死于肠球虫病的幼鹅，可见小肠肠管明显增粗，肠道发生出血性肠炎（图 5-61）；小肠黏膜点状或弥漫性出血，肠腔充满血黏液或红褐色液体及脱落的肠黏膜碎片；病程稍长的病死鹅，可见肠道黏膜粗糙，肠黏膜有红、白相间的出血小点和坏死小点；肝脏常肿大、胆囊充盈，有的可见胰腺肿大、充血，腔上囊水肿，黏膜充血。

图 5-61　肠道发生出血性肠炎

5. 防制

（1）治疗：用于防制鹅球虫病的药物较多，为防止抗药性，可选用两种以上药物交替使用。复方磺胺甲基异嗯唑，按 0.02%混于饲料中饲喂，连用 4~5 天；氯苯胍，按 120 mg/kg 饲料，均匀混入饲料中喂给，连用 7~10 天；氨丙啉，按 150~200 mg/kg 饲料，均匀混入饲料中饲喂，或按 80~120 mg/L 溶于饮用水中，连用 7 天；磺胺二甲基嘧啶，以 0.5%混于饲料中喂给，连用 3 天，停药 2 天，再连用 3 天；球痢灵，按 0.025%浓度均匀混于饲料中，连喂 3~5 天；磺胺六甲嘧啶，以 0.05%~0.2%浓度均匀混入饲料中，连用 3~5 天。

（2）预防：对病死鹅进行无害化处理。加强饲养管理，做好环境卫生，保持舍内干燥，及时清除舍内的粪便、垫草、垃圾及污物进行堆积发酵，以杀灭球虫卵囊。幼鹅和成年鹅分开饲养。用5%聚维酮碘溶液消毒空舍及周围环境，每天1次，连续1周。饮用水器和料槽每天用0.01%高锰酸钾消毒。用0.5%过氧乙酸、百毒杀等消毒药带鹅消毒，每天1次，每5天更换一种消毒药，连用10天；以后每3天带鹅消毒1次，每2周更换一种消毒药。每周进行一次环境大消毒。

（二）鹅毛滴虫病

鹅毛滴虫病是由鹅毛滴虫寄生于鹅的消化道后段而引起的一种原虫病。临床上以消化道发生障碍为主要特征，对鹅尤其是幼鹅具有很大的危害性。

1. 病原

本病的病原为鹅毛滴虫，属于毛滴虫科、毛滴虫属。鹅毛滴虫呈卵圆形或梨形，虫体长6~9 μm，宽3.5~6.5 μm，前端有4根活动的鞭毛和1个波动的薄膜，鞭毛的长度常超过虫体的2~3倍。虫体具有活泼的运动性。在培养基上生长良好。

2. 生活史

鹅毛滴虫为直接发育型寄生虫，虫体不形成包囊，行纵的二分裂进行繁殖。虫体可寄生于鹅的消化道、呼吸道和生殖道的上皮细胞，以及肝等实质细胞中。

3. 流行病学

本病常发生于春秋季节，不同品种和日龄的鹅均可发生感染，临床上以2月龄以内的幼鹅较为易感，成年鹅感染后往往不表现症状，成为带虫者。

患病鹅和带虫鹅是本病的主要传染源，随患病鹅或带虫鹅的粪便排出体外的鹅毛滴虫污染了周围的环境、饲料及饮用水，健康鹅摄食或饮用了受污染的饲料和饮用水而发生感染。此外，鸟类、鼠类和昆虫等也是本病重要的传播媒介。鹅群管理不善、饲

养环境差等不良因素，均可促进本病的发生。

4. 临床症状

本病的潜伏期为3~15天，根据病程长短可分为急性和慢性两种病型。

（1）急性型：常发生于2月龄以内的幼鹅，尤其是2~3周龄的雏鹅。患病鹅精神委顿、食欲减退或废绝，下痢、粪便呈浅黄色，常带有气泡和黏液；感染严重的可拉血便，通常日龄小的发病急，有的在出现临诊症状2~3天即发生死亡，死亡率可达60%左右。

（2）慢性型：主要发生于2月龄以上的青年鹅或成年鹅。患病鹅食欲减退、常下痢、逐渐消瘦，严重者食欲废绝、精神委顿，常出现坏死性肠炎而死亡，病程为7~10天；产蛋母鹅可出现输卵管炎，导致产蛋率下降。

剖检病鹅，可见肠道黏膜呈卡他性炎症，肠道黏膜粗糙，有出血斑，严重的可出现坏死性肠炎，肠道黏膜增生、坏死；肝脏肿大、有坏死灶，有时可见心包积液，内有纤维素絮状物；腺胃黏膜出血；产蛋母鹅可见卵泡变形、变性，输卵管发炎、内有凝固性蛋白，或有已发生变质的蛋滞留在输卵管内。

5. 防制

（1）治疗：发生本病的鹅群，应选用抗原虫药物治疗，如甲硝唑按每千克饲料添加250 mg，连续使用7天，具有一定的疗效。

（2）预防：本病主要由病原携带者（被感染的成年鹅或啮齿类动物）传播，所以平时要做到“全进全出”，大小或日龄不同的鹅不混养。严禁成鹅饲养场饲养仔鹅，对饲养过成鹅的饲养场进行虫体杀灭。对啮齿类动物较多的地方，要想法消灭或防止其进入饲养场。做好舍内外环境卫生，保持每天供给清洁新鲜的饮用水，必要时对饮用水进行适当的消毒；对食槽和饮用水器等用具要经常进行消毒。

（三）鹅住白细胞虫病

住白细胞虫病又名住白虫病、白细胞孢子病或嗜白细胞体病，它是由西氏住白细胞原虫侵入鹅只血液和内脏器官的组织细胞而引起的一种原虫病。

1. 病原

本病的病原是西氏住白细胞虫。

2. 生活史

这种虫在鹅的内脏器官（肝、脾、肺、心等）内进行裂殖生殖，产生裂殖子和多核体。一些裂殖子进入肝的实质细胞，进行新的裂殖生殖；另一些则进入淋巴细胞和白细胞，并发育为配子体。这时的白细胞呈纺锤形，当吸血昆虫蚋叮咬鹅只吸血时，同时也吸进配子体。西氏住白细胞虫的孢子生殖在蚋体内经 3~4 天内完成发育。大配子体受精后发育成合子，继而成为动合子，在蚋的胃内形成卵囊，产生子孢子。子孢子从卵囊逸出后，进入蚋的唾液腺，当蚋再叮咬健康的鹅时，传播子孢子，使鹅致病。

3. 流行病学

本病原的传播媒介是蚋（金毛真蚋）。病愈鹅体内可以长期带虫，当有蚋出现时，就能在鹅群中传播疫病。本病多发生于 7 月。雏鹅易感，多呈急性经过，24 小时内死亡率达 35%；成鹅呈慢性，症状轻，死亡率低。本病流行地区鹅的发病率可高达 20%。雏鹅的死亡率最高达 70%。在产蛋期的鹅有 80%可出现虫血症。

4. 临床症状

本病的潜伏期为 6~10 天。雏鹅发病后，病情急，体温升高，精神委顿，食欲消失，渴感增加，体重下降，虚弱、流涎、贫血。下痢，粪便呈淡黄绿色。运动共济失调，两脚轻瘫，走路困难，摇摆不稳，常伏卧地上。呼吸急促，流泪，流鼻液，眼睑粘连。

死鹅尸体消瘦，肌肉苍白。肝、脾肿大，呈淡黄色，暗淡无光。消化道黏膜充血。心包积液，心肌松弛，色苍白。全身性皮下出血，肌肉（尤其是胸肌、腿肌、心肌）有大小不等的出血点，并有灰白色或稍带黄色的针尖至粟粒大的小结节。

5. 防制

（1）治疗：磺胺喹噁啉每升水加 65 mg 混饮，连用 3 天，同时用磺胺间二甲氧嘧啶 0.1%浓度混饲，连用 3~5 天。或用复方新诺明，每只每天用药 0.125 g 喂服，以后减半，连用 3~5 天。

（2）预防：在吸血昆虫活动季节消灭中间宿主，可用 0.2%的敌百虫或 0.5%~1%有机磷杀虫剂在鹅舍内喷洒，每隔 6~7 天喷洒一次，可以预防本病。

在流行季节，每千克饲料中均匀加入 2.5 mg 乙胺嘧啶；或用磺胺喹噁啉，每千克饲料中均匀加入 50 mg，可预防本病。

（四）鹅隐孢子虫病

鹅隐孢子虫病是由隐孢子虫科、隐孢子虫属的贝氏隐孢子虫、火鸡隐孢子虫寄生于鹅的呼吸系统、消化道、法氏囊和泄殖腔内所引起的一种原虫病。

1. 病原

贝氏隐孢子虫的卵囊大多为椭圆形，部分为卵圆形和球形，（4.5~7.0）μm×（4.0~6.5）μm，卵囊壁薄、单层、光滑、无色，无卵膜孔和极粒。孢子化卵囊内含 4 个裸露的子孢子和 1 个较大的残体，子孢子呈香蕉形，（5.7~6.0）μm×（1.0~1.43）μm，无折光球，子孢子沿着卵囊壁纵向排列在残体表面。残体球形或椭圆形，（3.11~3.56）μm×（2.67~3.38）μm，中央为均匀物质组成的折光球，约 2.14 μm×1.79 μm，外周有 1~2 圈致密颗粒，颗粒直径 0.36~0.46 μm。在不同的介质，卵囊的颜色有变化，在蔗糖溶液中，卵囊呈粉红色，在硫酸镁溶液中无色。火鸡隐孢子虫的卵囊较小，近似圆形，大小为 4.61 μm×3.91 μm，形状指数为1.0~1.4，平均为1.18。

2. 生活史

隐孢子虫的发育可分为裂体生殖、配子生殖和孢子生殖三个阶段。孢子化的卵囊随受感染的宿主粪便排出，污染食物和饮用水，卵囊被禽吞食，亦可经呼吸道感染。在禽的胃肠道或呼吸道，子孢子从卵囊脱囊逸出，进入呼吸道和法氏囊上皮细胞的刷状缘或表面膜下，经无性裂体生殖，形成Ⅰ型裂殖体，其内含有6个或8个裂殖子。Ⅰ型裂殖体裂解后，各裂殖子再进行裂体生殖，产生Ⅱ型裂殖体，其内含有4个裂殖子。从Ⅱ型裂殖体裂解出来的裂殖子分别发育为大、小配子体，小配子体再分裂成16个没有鞭毛的小配子。大、小配子结合形成合子，由合子形成薄壁型和厚壁型两种卵囊，在宿主体内行孢子生殖后，各含4个孢子和一团残体。薄壁型卵囊囊壁破裂释放出子孢子，在宿主体内行自身感染；厚壁型卵囊则随宿主的粪便排出体外，可直接感染新的宿主。

3. 流行病学

鹅隐孢子虫病呈世界性分布，隐孢子虫是一种多宿主寄生原虫，在我国发现于鸡、鸭、鹅、火鸡、鹌鹑、孔雀、鸽、麻雀、鹦鹉、金丝雀等禽类体内。该病主要危害雏鹅，成年鹅则可带虫而不显症状。除薄型卵囊在宿主体内引起自身感染外，主要感染方式是发病的禽类和隐性带虫者粪便中的卵囊污染鹅的饲料、饮用水等经消化道感染，此外亦可经呼吸道感染。发病无明显季节性，但以温暖多雨的8~9月多发，在卫生条件较差的地区容易流行。

4. 临床症状

病鹅精神沉郁、缩头呆立、眼半闭、翅下垂、食欲减退或废绝，张口呼吸、咳嗽，严重的呼吸困难，发出“咯咯”的呼吸音，眼睛有浆液性分泌物，腹泻、便血。人工感染严重发病者可

在2~3天后死亡。剖检，泄殖腔、法氏囊及呼吸道黏膜上皮水肿，肺腹侧坏死，气囊增厚、混浊，呈云雾状外观。双侧眶下窦内含黄色液体。

5. 防制

鹅隐孢子虫病对抗生素类、磺胺类、抗球虫类等药物有很强的抵抗力，药物无有效治疗和预防效果。卵囊对常用的消毒药物和40 ℃环境也有很强的抵抗力。一些高浓度消毒药品如10%福尔马林、50%氨水、50%漂白粉也不能全部杀死卵囊。因此，改善饲养管理，定期严格的消毒卫生工作，粪便等排泄物、分泌物堆积发酵（因65 ℃以上的温度能有效地杀死卵囊），增强机体免疫力，能有效地控制本病的流行。患病的鹅群适当用药物防止细菌性感染，可减少病死率，提高抗隐孢子虫病的能力。

第四节　鹅常见普通病的防制

一、维生素A缺乏症

维生素A是家禽维持正常生长发育、视觉及黏膜完整所必需的维生素。它能使鹅保持皮肤和黏膜的完整性，维持抵抗微生物和寄生虫病侵袭的能力，增强机体的特异性免疫机能；促进机体和骨骼的生长，提高繁殖力，增加视色素。鹅缺乏维生素A，多由日粮中供应不足或者吸收障碍导致。本病幼鹅易发生。

（一）临床症状

鹅缺乏维生素A时，精神委顿，食欲减退，生长停滞、消瘦，羽毛松乱，趾爪卷缩，步态不稳，严重可呈现呼吸困难。

本病特征性症状：病鹅眼结膜囊内有大量干酪样渗出物，眼睑肿胀、黏合、流泪、眼球萎缩凹陷。口腔、咽、食道黏膜发炎，有散在坏死灶，表面生成灰白色假膜。

此外，缺乏维生素 A 引起肾脏机能障碍，导致尿酸盐不能正常排泄，在肾小管内可见蓄积大量尿酸盐，在心脏、心包、肝脏和脾脏表面也可见尿酸盐的沉积。

根据鹅具有长期缺乏青绿饲料和饲料中未添加维生素 A 的历史，结合雏鹅眼部病变，口腔、食道有灰白色假膜，成年产蛋鹅产蛋率、受精率、孵化率下降等表现，可以做出初步诊断，可以通过添加青绿饲料和饲料中添加维生素 A 来做诊断性治疗。

（二）防制

1. 预防措施

保证日粮中有足够的维生素 A 和胡萝卜素，给种鹅多喂青绿饲料、胡萝卜和块根类及黄玉米，必要时应给予鱼肝油或维生素 A 添加剂。一旦发现病鹅，应尽快在日粮中添加富含维生素 A 的饲料。维生素 A 是一种脂溶性维生素，容易受到热和氧化而被破坏；配合日粮不要存放过久，勿使其发霉、发热或氧化。

2. 治疗措施

当鹅群中发生本病时，可在每千克日粮中补充 10 000 IU 的维生素 A，对眼部病变可用 3%硼酸水冲洗，每天一次，效果良好。

二、维生素 B_1 缺乏症

维生素 B_1 受热、遇碱可迅速被破坏，主要在十二指肠被吸收，作为辅酶参与糖代谢和三羧酸循环，缺乏时导致血液和组织中丙酮酸和乳酸蓄积造成神经发炎和心肌炎症状。

（一）病因

原发性维生素 B_1 缺乏症，主要见于长期饲喂缺乏该维生素日粮的鹅。饲料中多精磨谷物而缺少糠麸类饲料，饲料加工在中性或碱性环境，长期贮存而发霉变质，都会导致日粮中维生素

B_1 缺乏。

鹅在放牧时采食小鱼虾等动物性饲料，这些动物体内含有硫胺酶可以分解维生素 B_1，造成维生素 B_1 缺乏。患消化道疾病时，维生素 B_1 的吸收和合成能力下降，也会造成维生素 B_1 缺乏。

（二）症状

体内维生素 B_1 缺乏时，导致乙酰胆碱被迅速分解，致使胃肠分泌和蠕动能力减弱，出现消化不良症状。患病鹅食欲差、憔悴、消化不良、瘦弱。外周神经受损导致多发性神经炎，表现为角弓反张，坐地或倒地不起，头向后牵引，似观星姿势，强直和频繁的痉挛等。

（三）防制

（1）饲料配合，保证维生素 B_1 有足够含量，不宜对饲料久贮，在 7~10 天内用完。

（2）采食大量鱼虾饲料时，补充维生素 B_1。

（3）治疗维生素 B_1 缺乏症，每千克饲料内添加盐酸硫胺素 10~20 mg，连用 1~2 周。或者用复合维生素 B 溶液灌服，每只每次 0.2~0.5 mL，每天 2 次。

参 考 文 献

[1] 柳东阳. 轻松学鸭鹅病防制 [M]. 北京：中国农业科学技术出版社，2015.

[2] 程安春. 养鹅与鹅病防治 [M]. 北京：中国农业大学出版社，2000.

[3] 陈国宏，王永坤. 科学养鹅与疾病防治 [M]. 2版. 北京：中国农业出版社，2011.